KB114313

한눈에 알아보는 우리 생물 5

화살표

버섯
도감

한눈에 알아보는 우리 생물 5
화살표 버섯 도감

—

펴 낸 날 | 2017년 5월 29일
글·사진 | 최호필, 고효순

—

펴낸이 | 조영권
만든이 | 노인향
꾸민이 | 강대현

—

펴낸곳 | 자연과생태
주소_서울 마포구 신수로 25-32, 101(구수동)
전화_02) 701-7345~6 **팩스**_02) 701-7347
홈페이지_www.econature.co.kr
등록_2007-000217호

—

ISBN: 978-89-97429-76-9 93480

최호필, 고효순 ⓒ 2017

—

이 책의 저작권은 저자에게 있으며, 저작권자의 허가 없이
복제, 복사, 인용, 전제하는 행위는 법으로 금지되어 있습니다.

한눈에 알아보는 우리 생물 5

화살표 버섯도감

글·사진 **최호필, 고효순**

자연과생태

　지구상에 존재하는 모든 생물이 그렇듯 버섯도 다른 생물과 유기적
으로 공존하며 생태계의 한편을 담당합니다. 그중에서도 나무의 구성
물질인 리그닌과 셀룰로오스를 분해해 생태계 순환의 큰 고리 역할을
합니다. 살아 있는 나무와 영양을 주고받으면서 나무의 생장을 돕기
도 하고 때로는 살아 있는 나무에 침투해 큰 피해를 입히기도 하지요.
그런가 하면 수많은 곤충의 먹이가 되고 보금자리를 마련해 주어 곤
충이 번식하는 데 도움을 주기도 합니다.

　버섯은 사람에게도 여러 방면으로 이용되는 중요한 자원입니다. 용
도는 다양하지만 단순한 이용 측면으로만 보면 식용이나 약용버섯을
먼저 떠올릴 수 있습니다. 이렇듯 버섯은 우리에게 일용할 양식이며,
치료제나 면역력을 높여 주는 건강식품이지만 잘못 알고 섭취하면 돌
이킬 수 없는 일이 벌어지기도 합니다. 그러니 정확히 알고 쓰임새에
맞게 이용하는 것이 매우 중요한 생물입니다. 그러려면 우선 종을 명
확히 구별할 수 있어야 합니다.

　우리나라에 있는 버섯은 명확하지는 않지만 4,000~5,000종으로 추
정합니다. 그중 현재까지 1,900여 종이 보고되었고 여기에 버섯 책
자나 인터넷 게시물 등을 통해 확인 가능한 버섯까지 더하면 2,300여
종 이상에 이릅니다. 자생할 것으로 추정되는 수에 비하면 그다지 많
다고 볼 수 없고, 알고자 하는 이의 욕구를 충족시키기에도 턱없이 부
족한 수입니다. 대체로 체계적인 연구가 이루어진 식물이나 곤충 등

과 비교해 보아도 많이 부족하지요. 게다가 많은 종과 사진을 다룬 책도 드물어 버섯을 공부하는 데 어려움이 많은 것이 현실입니다. 버섯의 생장 기간이 짧은 것도 문제지만 환경에 따라 변형이 심한 것 또한 버섯 공부를 어렵게 하는 큰 요인이라 하겠습니다. 그럼에도 불구하고 비 내린 후 여기저기 돋아나는 버섯을 보며 궁금증을 자아내지 않을 수 없습니다. 화려한 색채와 기이한 모양은 우리의 관심을 끌기에 충분하기 때문이죠.

요즘 생태에 관한 관심이 높아지면서 생태 관련 교육도 많이 있으나 풀과 나무, 곤충 등에 대한 교육이 주류를 이루고 버섯은 제외되는 경우가 많습니다. 이는 버섯을 교육할 수 있는 사람이 많지 않을 뿐더러 쉽게 보고 배울 수 있는 자료가 충분치 못하다는 말이기도 합니다. 이 책이 다양하게 버섯을 알고자 하는 이에게 실용적이고 교육적인 활용서가 되길 바라며, 무엇보다도 저희의 작은 노력이 매개가 되어 버섯이 좀 더 대중의 관심 대상이 될 수 있기를 바랍니다.

2017년 5월
최호필, 고효순

일러두기

꼭 읽어 보세요

- 우리나라에서 볼 수 있는 버섯 818종을 실었으며, 여기에는 국내 미기록종 32종도 포함되어 있습니다.

- 본문의 분류와 종명은 『Dictionary of the Fungi 10th ed.』, 〈indexfungorum〉 의 분류 체계에 따라 정리된 이태수 박사의 〈새로운 한국의 기록종버섯〉(2015) 기록(www.koreamushroom.kr)을 따랐고, 『한국의 버섯 목록』(2013 한국균 학회)에서 달리 기록한 것은 괄호 안에 병기했습니다.

- 본문의 미기록종 페이지에는 학명만 기록했으나 독자의 소통과 편리를 위해 책 뒤쪽에 추천 국명을 정리했고, '국명 찾아보기'에도 추천명을 실었습니다. 아울러 이 이름은 정명(正名)이 아님을 다시 한 번 밝힙니다.

- 화살표로 짚어 종의 특징을 직관적으로 알려 주는 〈화살표 도감〉 시리즈의 특성상 설명을 많이 풀어 쓰지는 못했습니다. 그러나 최대한 독자의 이해를 돕고자 노력했으며, 많은 종을 기록하려고 애썼습니다.

차례

균계 Fungi

담자균문 Basidiomycota
　담자균아문 Agaricomycotina
　　주름버섯강 Agaricomycetes
　　　주름버섯목 Agaricales

두건버섯강 Leotiomycetes

두건버섯목 Leotiales

살갗버섯목 Helotiales

투구버섯목 Rhytismatales

주발버섯강 Pezizomycetes

주발버섯목 Pezizales

동충하초강 Sordariomycetes

동충하초아강 Hypocreomycetidae

동충하초목 Hypocreales

버섯(자실체) 부위와 명칭

외피막 조각(인편)

자실층(주름살)

턱받이

자루(대)

기부

외피막

담자균

자실층(자낭반)

자루(대)

자낭균

버섯 용어

공연반: 방귀버섯류의 내피 꼭대기에 있는 원뿔모양 구멍 부분

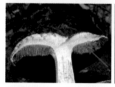

관공(管孔,tube): 자실층이 주름살 대신 관모양 구멍으로 된 것. 관공의 표면에 나타난 부분은 구멍(pores)으로 구분했다. 그물버섯류에서 볼 수 있다.

균사(菌絲, hypha): 균류의 영양 생장기관으로 실 모양 조직을 만드는 것. 단위세포나 균사세포가 이룬 조직을 함께 쓴다.

균핵(菌核, sclerotium): 균사가 엉켜서 핵 모양을 이룬 것. 애기볏짚버섯, 저령 등은 버섯 밑동 아래에 균핵이 형성되기도 한다.

균환(菌環, fairy ring): 버섯이 둥글게 발생하거나 줄모양으로 발생하는 것. 버섯 균사가 바깥쪽으로 퍼지며 가장자리 끝에서 버섯이 많이 나기 때문에 나무의 나이테처럼 매년 바깥쪽으로 확장된다.

그물눈모양(網目狀, recticulate): 버섯의 갓이나 자루(대) 또는 포자의 표면에 생기는 모양. 그물모양, 망목상이라고도 쓴다.

기본체(基本體, gelba): 말불버섯처럼 알모양인 버섯과 자낭균의 덩이버섯처럼 자실체 내부에 포자를 형성하는 기본 조직

 내피막: 주름버섯류에서 어린 버섯의 주름살 또는 관공을 보호하기 위해서 형성된 막으로, 성장하면서 파열되어 턱받이 또는 갓 둘레에 조각으로 남는다.

 맥: 버섯 표면이나 주름살 안쪽에 식물의 잎맥처럼 약간 도드라진 부분

 머리(=두부:頭部, head, fertile part): 동충하초 자실체 중에서 자낭각이 분포하는 상부의 팽대한 부분이나 자낭균류 중에서 자루(대)의 위쪽에 자실층이 있는 팽대한 부분

 무성기부(無性基部, sterile base): 말불버섯, 말징버섯 등에서 볼 수 있듯 포자가 형성되는 기본체 상부와 달리 포자가 형성되지 않는 기본체 하부

 반배착성(半背着性, semipilate): 반배착생(半背着生)이라고도 한다. 자실체가 기질 표면에 배착생으로 퍼지다가 가장자리의 일부가 반전되어서 갓이 형성되는 것 또는 그런 성질

 방사상: 중심에서 바깥쪽으로 우산살처럼 뻗은 모양

 배착성(背着性, resupinate): 배착생(背着生)이라고도 한다. 자실체에 갓이 형성되지 않고 기질에 완전히 들러붙은 것 또는 그런 성질

분생자 시기: 불완전세대라고도 한다. 균류의 번식할 수 없는 무성생식 시기를 말한다. 보통 가루 형태이다.

소피자(小皮子, peridiole): 찻잔버섯류의 컵모양 자실체 속에 생기는 바둑돌모양 기관으로 포자가 들어 있다.

외피막: 주름버섯류에서 어린 버섯의 외부를 감싸는 막으로, 성장하면서 파열되어 여러 모양으로 기부에 남거나 갓 위에 인편(파편, 조각)으로 남는다.

원좌: 방귀버섯류의 공연반 둘레에 있는 원모양의 홈

인편: 갓이나 자루 표면에 있는 비늘 조각 또는 비늘모양인 얇은 조각

자낭각: 자낭균류 생식기관의 일종. 구형 또는 유구형이며 그 속에 자낭이 가로 일렬로 늘어서 있고 자낭 안에는 포자가 들어 있다. 뾰족한 돌기나 점모양, 둥근 돌기모양으로 보이나 작아서 크게 확대해야 관찰이 가능하다.

자낭반(子囊盤, apothecium, apothecia): 자낭균류의 자실체 중에서 주발버섯이나 접시버섯처럼 컵모양, 접시모양, 안장모양, 주걱모양, 곤봉모양 등을 이루며 표면에 자실층을 형성한 것. 자루가 있는 것도 있고 없는 것도 있다.

자실층(子實層, hymenium): 포자가 형성되는 기관으로 담자균류의 담자기나 자낭균류의 자낭이 있는 최상층을 말한다. 일반적으로는 담자균의 주름살, 관공, 침상 돌기, 평탄한 면, 싸리모양 표면, 자낭균류의 자낭반 표면, 자낭각 등에 형성되는 곳을 말한다. 자낭균의 자낭각, 자낭반은 모두 자실층에 포함된다.

버섯 이용

식용버섯 → 식용에 적합한 버섯

식용버섯 · 약 → 식용에 적합하고 일부 약 성분도 포함된 버섯

식용버섯 · 독 → 식용 가능하지만 일부 독성이 있어 반드시 익힌 후에 다시 요리해야 하는 버섯

식용버섯 · 약 · 독 → 예문 2, 3이 모두 적용되는 버섯

독버섯 → 독성이 있어 식용하면 안 되는 버섯

맹독버섯 → 독성이 강하므로 소량으로도 사망에 이를 수 있는 버섯

약용버섯 → 약 성분이 포함되어 있고 차로 끓여 마시는 등 직접 음용이 가능한 버섯

식독불명 → 성분검사가 되지 않았거나 작고 맛이 없어 식용에 적합하지 않은 버섯

식독불명 · 약 → 식용에 적합하지는 않지만 약 성분이 포함되어 있어 약재로 이용되는 버섯(직접 약용은 불가능)

담자균문
Basidiomycota

개나리광대버섯
Amanita subjungquilea

갓 지름 4~7㎝ 자루 길이 5~11㎝ 시기 7~9월 장소 침엽수, 활엽수림 내의 땅 위

활엽수림에서 발생했다.

외피막은 흰색이고 주머니모양이다.

침엽수림에서 발생했다.

턱받이는 흰색이고 막질이다.

주름살 간격은 촘촘하다.

갓 표면은 녹황색이다.

고동색광대버섯
Amanita fulva

광대버섯과
식용버섯 · 독

갓 지름 4~10㎝ 자루 길이 7~15㎝ 시기 7~9월 장소 침엽수, 활엽수림 내의 땅 위

자루 표면은 연한 황갈색이다.

턱받이는 없다.

갓 가장자리에 줄무늬가 있다.

주름살 간격은 촘촘하다.

갓 표면은 고동색이고 가장자리는 표면보다 색이 엷다. 외피막은 연한 백황갈색이고 주머니모양이다.

갓 지름 6~15㎝ 자루 길이 7~10㎝ 시기 8월 장소 활엽수림 내의 땅 위

어린 버섯

턱받이는 흰색 막질로 떨어지기 쉽다.

갓 표면에는 외피막 조각이 느슨하게 붙어 있다가 없어지기도 한다.

갓 표면은 백황색이다.

주름살 간격은 촘촘하다.

턱받이는 흰색이고 막질이다.

활엽수림에서 발생한다.

외피막은 둥글고 크게 부풀어 있다.

구슬광대버섯
Amanita sychnopyramis

갓 지름 3~9㎝ 자루 길이 4~12㎝ 시기 여름~가을 장소 활엽수림 내의 땅 위

갓 표면은 황갈색이고 연한 회백색에 각진 외피막 조각이 덮여 있다.

갓 표면 가장자리에는 줄무늬가 있다.

Scale:10.000um

포자 7~8.8×6~8㎛

턱받이는 작고 불분명하며, 주름살 간격은 촘촘하다.

얇은 외피막 조각이 테두리처럼 붙어 있다.

긴골광대버섯아재비
Amanita longistriata

갓 지름 5~10㎝ 자루 길이 7~15㎝ 시기 6~9월 장소 침엽수, 활엽수, 혼합림 내의 땅 위

어린 버섯

갓 표면은 회갈색이고 가운데는 색이 더 짙다.

주름살 간격은 약간 촘촘하다.
외피막은 흰색에 주머니모양이다.
턱받이는 흰색 막질로 떨어지기 쉽다.

갓 가장자리에는 줄무늬가 있다.
갓 표면은 회갈색이다.

주름살은 연한 분홍색을 띠기도 한다.

24

긴뿌리광대버섯
Amanita longistipitata

갓 지름 4~8㎝ 자루 길이 5~8㎝ 시기 여름~가을 장소 혼합림 내의 땅 위

어린 버섯

갓 표면은 회백색이고 거북이 등처럼 갈라진다.

턱받이는 흰색이고 솜 찌꺼기처럼 생겼다.

기부는 긴 뿌리모양이다.

25

노란달걀버섯

광대버섯과

Amanita javanica

식용버섯

갓 지름 6~15㎝ 자루 길이 10~20㎝ 시기 7월 중순~8월 말 장소 침엽수, 활엽수림 내의 땅 위

갓 표면은 노란색이고 가운데는 좀 더 색이 짙으며, 가장자리에 줄무늬가 있다.

주름살 간격은 촘촘하다.

턱받이는 노란색이고
들러붙은 막질이다.

외피막은 흰색에 주머니모양이다.

누더기광대버섯
Amanita franchetii

갓 지름 4~9㎝ 자루 길이 5~10㎝ 시기 7~9월 장소 침엽수, 활엽수림 내의 땅 위

어린 버섯

성숙한 버섯

갓 표면에 떨어지기 쉬운 노란색 외피막 조각이 덮여 있다.

기부는 방추모양으로 부풀어 있고 표면에 노란색 외피막 조각이 띠모양으로 붙어 있다.

턱받이 아랫면에도 노란색 외피막 조각이 붙어 있다.

주름살 간격은 촘촘하다.

달걀버섯

Amanita hemibapha

광대버섯과

식용버섯

갓 지름 6~15㎝ 자루 길이 7~18㎝ 시기 7월 중순~9월 장소 침엽수, 활엽수림 내의 땅 위

어린 버섯

외피막은 흰색에 큰 주머니모양이다.

갓 가장자리에는 줄무늬가 있다.

주름살 간격은 촘촘하다.

턱받이는 노란색이고 막질이다.

자루 표면에는 오렌지색에 물결모양인 비늘이 있다.

독우산광대버섯

Amanita virosa

갓 지름 6~12㎝ 자루 길이 8~20㎝ 시기 7월 중순~9월 중순 장소 침엽수, 활엽수림 내의 땅 위

어린 버섯

성숙한 버섯. 자루 표면은 물결모양인 섬유질로 덮인다.

KOH용액

KOH용액을 뿌리면 독우산광대버섯은 노란색으로 변하지만 흰알광대버섯은 변색되지 않는다.

주름살 간격은 촘촘하다.

턱받이는 흰색에 치마모양이고 막질이다.

외피막은 흰색에 큰 주머니모양이다.

마귀광대버섯
Amanita pantherina

갓 지름 5~10㎝ 자루 길이 6~15㎝ 시기 7~9월 장소 침엽수, 활엽수림 내의 땅 위

어린 버섯

깊은 산속에서도 발생한다(한라산).

갓 표면은 흑갈색~황갈색 바탕에 흰색 외피막 조각으로 덮여 있다.

주름살 간격은 촘촘하다.

턱받이는 노란색이고 막질이다.

외피막은 둥글고 표면에 테무늬 4~5개가 돌출되어 있다.

맛광대버섯
Amanita esculenta

갓 지름 4~12㎝ 자루 길이 6~13㎝ 시기 7~9월 장소 침엽수, 활엽수림 내의 땅 위

어린 버섯

성숙한 버섯

갓 표면에는 회색 외피막 조각이 붙어 있다가 쉽게 떨어진다.

턱받이는 회색 막질로 떨어지기 쉽다.

갓 표면은 회색이고 갓 가장자리에는 줄무늬가 있다.

자루 표면은 회색 물결모양 섬유로 덮여 있다.

주름살 날이 회색을 띤다.

외피막은 흰색에 큰 주머니모양이다.

갓 지름 4~8㎝   자루 길이 5~10㎝   시기 여름~가을   장소 침엽수, 활엽수림 내의 땅 위

성숙한 버섯

기부(외피막)는 둥글게 부풀어 있다.

갓 표면은 연한 노란색이고 흰색 외피막 조각이 붙어 있다.

주름살 간격은 촘촘하다.

갓 지름 4~10㎝ 자루 길이 5~12㎝ 시기 7월 중순~9월 중순 장소 활엽수림 내의 땅 위

어린 버섯 . 상처가 나면 오렌지색으로 변한다.

고약한 냄새가 난다.

갓 표면은 회색이고 갓 가장자리에는 줄무늬가 있다.

갓 표면에는 큰 외피막 조각이 붙어 있지만 매끄러울 때도 있다.

갓 가장자리에는 내피막 파편이 오랫동안 붙어 있다.

턱받이는 두터운 백황색 막질이고 자루 위쪽에 달려 있다.

외피막은 방추모양이다.

뱀껍질광대버섯
Amanita spissacea

갓 지름 4~12㎝ 자루 길이 5~15㎝ 시기 7~9월 장소 침엽수, 활엽수림 내의 땅 위

어린 버섯

갓 표면은 흑갈색 외피막 조각으로 덮여 있다.

성숙한 버섯

자루 표면에도 흑갈색 외피막 조각이 덮여 있다.

주름살 간격은 촘촘하다.

턱받이는 회색 막질이며 자루 위쪽에 달려 있다.

기부는 둥근 뿌리모양으로 부풀어 있고 표면에 테무늬가 2~5개 있다.

붉은껍질광대버섯

Amanita eijii

갓 지름 4~8㎝ 자루 길이 11~15㎝ 시기 7월 중순~9월 초 장소 침엽수, 활엽수림 내의 땅 위

어린 버섯

갓 표면은 각진 돌기로 덮여 있다.

갓 표면은 흰색에 붉은 기가 돈다.

주름살 간격은 촘촘하다.

턱받이는 흰색에 붉은 기가 돌며, 두텁고 떨어지지 않는다.

외피막은 뿌리모양이고, 표면에는 뒤로 젖혀진 갈고리 모양 조각이 붙어 있다.

35

갓 지름 6~15㎝ 자루 길이 8~20㎝ 시기 6~10월 장소 침엽수, 활엽수림 내의 땅 위

어린버섯

갓 표면에 떨어지기 쉬운 회백색 외피막 조각이 붙어 있다.

자루 표면은 연붉은색을 띤다.

주름살 간격은 촘촘하다.

주름살에도 붉은 얼룩이 생긴다.

갓 표면에 붉은 얼룩이 생긴다.

노란턱받이광대버섯
Amanita rubescens var. annulosulphurea

갓 지름 4~10㎝ 자루 길이 5~10㎝ 시기 7~9월 장소 침엽수, 활엽수림 내의 땅 위

어린 버섯. 갓 표면에 노란색~회색인 외피막 조각이 붙어 있다.

성숙한 버섯. 자루 표면은 붉은 기를 띤다.

갓 표면은 종종 붉은 기를 띤다.

Scale:10.000㎛

포자. 붉은점박이광대버섯의 변종이다.

턱받이는 녹황색이고 들러붙은 막질이다.

주름살 간격은 촘촘하고 종종 붉은 기를 띤다.

사마귀광대버섯
Amanita perpasta

갓 지름 10~20㎝ 자루 길이 10~20㎝ 시기 8~9월 장소 활엽수림 내의 땅 위

어린 버섯. 기부가 세로로 갈라진다.

갓 표면에는 각진 돌기가 덮여 있다.

주름살 간격은 촘촘하다.

기부 표면에는 작은 돌기가 덮여 있다.

턱받이는 흰색으로 두텁고 떨어지지 않는다.

기부는 매우 크고 둥근 뿌리모양이며, 세로로 갈라진다.

암적색분말광대버섯
Amanita rufoferruginea

갓 지름 4~9㎝ 자루 길이 7~12㎝ 시기 7~9월 장소 침엽수림 내의 땅 위

갓 표면에는 황적갈색 가루가 붙어 있다.

턱받이는 흰색 막질로 떨어지기 쉽다(떨어진 상태).

자루 표면에도 오렌지 빛이 도는 갈색 가루가 붙어 있다. 주름살 간격은 촘촘하다.

Amanita sculpta
국내 미기록종

갓 지름 6~12㎝ 자루 길이 6~14㎝ 시기 7~9월 장소 활엽수림 내의 땅 위

턱받이는 흰색 솜털모양으로 붙어 있다.

외피막은 자갈색으로 거칠고, 두텁게 붙어 있다.　　갓 표면에는 자갈색 외피막 조각이 붙어 있다.

갈색점박이광대버섯
Amanita brunnescens

갓 지름 3~11㎝ 자루 길이 10~20㎝ 시기 8~9월 장소 활엽수림 내의 땅 위

어린 버섯

어린 버섯과 성숙한 버섯

갓 표면의 색깔은 성숙하면서 진해진다.

갓 표면은 회갈색 내지는 쥐색이다.

턱받이는 회색 막질로 떨어지기 쉽다.

외피막은 흰색에 둥근모양이지만 위쪽은 얇은 주머니 모양이다. 상처가 나면 붉은색으로 변하기도 한다.

암회색광대버섯아재비
Amanita pseudoporphyria

갓 지름 10~25㎝ 자루 길이 8~20㎝ 시기 7~8월 장소 활엽수, 침엽수림 내의 땅 위

어린 버섯

무리 지어 발생할 때가 많다.

갓 표면은 매끈하고 암회색 바탕에 미세한 섬유모양 선이 있다.

턱받이는 흰색 막질로 떨어지기 쉽다.

주름살 간격은 촘촘하다.

외피막은 흰색에 긴 주머니모양이다.

애광대버섯
Amanita citrina

독버섯

갓 지름 3~8㎝ 자루 길이 5~12㎝ 시기 7~9월 장소 침엽수, 활엽수림 내의 땅 위

어린 버섯

갓 표면에는 노란색~황회색인 외피막 조각이 붙어 있다.

주름살 간격은 촘촘하다.

턱받이는 노란색 막질로 떨어지기 쉽다.

외피막은 크고 둥글게 부풀어 있다.

42

갈색애광대버섯
Amanita citrina var. grisea

광대버섯과

독버섯

갓 지름 4~5㎝ 자루 길이 5~10㎝ 시기 7~9월 장소 침엽수, 활엽수 또는 혼합림 내의 땅 위

애광대버섯의 변종이다.

갓 표면은 회갈색이고, 떨어지기 쉬운 노란색 외피막 조각이 붙어 있다.

외피막은 둥글고, 외피막 표면에도 떨어지기 쉬운 노란색 외피막 조각이 붙어 있다.

턱받이는 흰색 막질이다.

주름살 간격은 촘촘하다.

43

애우산광대버섯
Amanita farinosa

갓 지름 3~4㎝ 자루 길이 3~8㎝ 시기 7~9월 장소 침엽수, 활엽수림 내의 땅 위

어린 버섯

성숙한 버섯

갓 표면은 회색이고 만지면 묻어나는 가루로 덮여
있다.

갓 가장자리에는 줄무늬가 나타난다.

주름살 간격은 약간 촘촘하다.

기부는 작게 부풀고 짧은 방추모양이다.

양파광대버섯
Amanita abrupta

갓 지름 3~8㎝ 자루 길이 8~14㎝ 시기 7~9월 장소 활엽수림, 혼합림 내의 땅 위

어린 버섯

성숙한 버섯

주름살은 촘촘하고 흰색에서 연노란색으로 변해 간다.

턱받이는 흰색에 막질이다.

갓 표면은 대머리 같이 가운데부터 외피막 조각이 떨어진다.

기부는 양파 같이 매우 크게 부푼다.

우산광대버섯
Amanita vaginata

갓 지름 5~10㎝ 자루 길이 8~12㎝ 시기 7~9월 장소 침엽수, 활엽수림 내의 땅 위

어린 버섯

성숙한 버섯

갓 표면은 회갈색이고 가장자리에는 줄무늬가 있다.

주름살 간격은 촘촘하다.

외피막은 흰색에 긴 주머니모양이다.

우산광대버섯(백색형)
Amanita vaginata var. *alba*

갓 지름 5~10㎝ 자루 길이 8~12㎝ 시기 7~9월 장소 침엽수, 활엽수림 내의 땅 위

어린 버섯

성장기의 버섯

성숙한 버섯

갓 표면 가장자리에는 홈이 팬 선이 있다.

주름살 간격은 촘촘하다.

턱받이는 없고 외피막은 긴 주머니모양이다.

잿빛가루광대버섯
Amanita griseofarinosa

갓 지름 5~10㎝ 자루 길이 7~12㎝ 시기 7~9월 장소 침엽수, 활엽수림 내의 땅 위

어린 버섯

갓 가장자리에는 늘어져 붙은 내피막 조각이 있다.

갓 표면은 회색 가루로 덮인다.

주름살 간격은 약간 촘촘하다.

턱받이는 회색 솜털모양으로 붙는데 대부분 떨어진다.

기부는 뿌리모양이다.

점박이광대버섯
Amanita ceciliae

식용버섯 · 독

갓 지름 4~8㎝ 자루 길이 8~14㎝ 시기 7~9월 장소 활엽수림, 혼합림 내의 땅 위

약간 어린 버섯

턱받이는 없다.

주름살 간격은 약간 촘촘하다.

외피막은 주머니모양이 아닌
불완전한 고리모양이다.

주름살은 자루에서 떨어져 있다.

갓 가장자리에는 짧은 줄무늬가 있다.

갓 표면에는 회색 외피막 조각이 붙어 있다.

자루는 회색에 가루모양 내지는 섬유모양 물질로 덮인다.

49

젖무덤광대버섯
Amanita eliae

갓 지름 5~10㎝ 자루 길이 7~13㎝ 시기 7~9월 장소 침엽수, 활엽수림 내의 땅 위

어린 버섯

성숙한 버섯

떨어지기 쉬운 회백색 외피막 조각이 붙어 있다.

턱받이 위쪽 표면에 연회색이고 물결모양인 섬유질이 붙어 있다.

턱받이는 연회색에 막질이고 표면에 가는 선이 나타난다.

주름살 간격은 약간 촘촘하다.

갓 표면은 갈색에서 점차 색이 옅어지고, 가장자리에는 홈 파인 선이 나타난다.

외피막은 흰색에 불완전 고리모양이다.

50

갓 지름 7~12㎝ 자루 길이 10~15㎝ 시기 7~9월 장소 침엽수, 활엽수림 내의 땅 위

성숙한 버섯

턱받이는 없다.

자루 표면은 회색을 띤다.

외피막은 흰색에 긴 주머니모양이다.

주름살 간격은 촘촘하다.

갓 표면은 회황갈색이고, 가장자리에는 줄무늬가
선명하고 길게 나타난다.

주름살의 날 끝은 흑갈색을 띤다.

큰우산광대버섯
Amanita cheelii

갓 지름 6~10㎝ **자루 길이** 11~20㎝ **시기** 7~9월 **장소** 활엽수림 내의 땅 위

어린 버섯

자루 표면은 회색을 띤다.

성숙한 버섯

갓 표면은 회갈색이고 가장자리에는 홈 파인 선이 있다.

주름살 간격은 촘촘하다.

외피막은 흰색에 긴 주머니모양이다.

큰주머니광대버섯
Amanita volvata

갓 지름 5~10㎝ 자루 길이 6~14㎝ 시기 7~9월 장소 침엽수, 활엽수림 등 여러 숲 속의 땅 위

어린 버섯

자루 표면은 흰색 섬유로 덮여 있다.

성숙한 버섯

갓 표면에는 연한 적갈색 외피막 조각이 붙어 있다.

주름살 간격은 촘촘하다.

외피막은 큰 주머니모양이다.

턱받이광대버섯
Amanita spreta

갓 지름 2~6㎝ 자루 길이 4~9㎝ 시기 여름~가을 장소 활엽수림 내의 땅 위

어린 버섯

성숙한 버섯

갓 표면은 베이지색에 가까운 갈색 내지는 회갈색을 띤다.

주름살 간격은 촘촘하다.

턱받이는 연한 회백색에 막질이다.

외피막은 흰색에 주머니모양이다.

54

파리버섯
Amanita melleiceps

갓 지름 2.5~6㎝ 자루 길이 3~6㎝ 시기 7~9월 장소 침엽수, 활엽수림 내의 땅 위

어린 버섯. 갓 표면은 노란색을 띤다.

도토리와 비교될 만큼 작다.

턱받이는 대부분 없다.

주름살 간격은 약간 촘촘하다.

외피막은 얇은 막 형태이고 표면에 가루가 묻어 있다.

성숙한 버섯

갓 표면에는 외피막 조각이 붙어 있다.

환문광대버섯
Amanita kotohiraensis

광대버섯과
식독불명

갓 지름 5~10㎝   자루 길이 6~14㎝   시기 7~9월   장소 활엽수림 내의 땅 위

어린 버섯

기부는 방추모양이다.

턱받이는 흰색에 막질이다.

주름살은 크림색이고 간격은 촘촘하다.

갓 표면은 흰색이고, 흰색 외피막 조각이 붙어 있다.

외피막은 기부와 겹쳐지며 붙어 있고, 표면에는 고리무 늬가 4~5개 있다.

황색줄광대버섯
Amanita sinicoflava

갓 지름 2.5~7㎝ 자루 길이 4~14㎝ 시기 7~9월 장소 침엽수, 활엽수림 내의 땅 위

어린 버섯

성숙한 버섯

외피막은 흰색에 긴 주머니모양이다.

자루 표면은 옅은 회색 가루로 덮이고 턱받이는 없다.

갓 표면은 연한 황갈색이고 가장자리에는 줄무늬가 있다.   주름살 간격은 촘촘하다.

회색귀신광대버섯
Amanita onusta

갓 지름 4~7㎝ **자루 길이** 4.5~10㎝ **시기** 7월 중순~9월 중순 **장소** 침엽수, 활엽수림 내의 땅 위

어린 버섯

갓이 퍼지기 전

갓 가장자리에 내피막 조각이 늘어져 붙어 있다.

기부는 긴 뿌리모양이다.

턱받이는 회백색, 솜털모양으로 흔적만 남는다.

자루 표면은 회색 가루로 덮여 있다.

갓 표면은 회색 가루 내지는 돌기로 덮여 있다.

주름살 간격은 촘촘하다.

갓 지름 4~8㎝ 자루 길이 8~13㎝ 시기 7~9월 장소 혼합림 내의 땅 위

어린 버섯

성숙한 버섯

자루 표면은 회색에 물결모양인 섬유질이다.

외피막은 흰색에 주머니모양이다.

턱받이는 회백색 막질이다.

자루 표면은 회흑색에 섬유무늬다.

주름살 간격은 촘촘하다.

흰가시광대버섯
Amanita virgineoides

광대버섯과

독버섯

갓 지름 9~20㎝ **자루 길이** 12~22㎝ **시기** 7~9월 **장소** 활엽수림, 혼합림 내의 땅 위

어린 버섯

기부는 크게 부풀어 닭다리모양이다.

갓 가장자리에는 내피막 조각이 늘어져 붙어 있다.

기부 표면의 외피막은 가는 돌기로 덮여 있다.

갓 표면은 작고 흰색인 가시모양 돌기로 덮여 있다.

턱받이는 자루 꼭대기에 붙고, 주름살 간격은 촘촘하다.

흰돌기광대버섯

광대버섯과
식독불명

Amanita hongoi

갓 지름 7~12㎝ 자루 길이 8~15㎝ 시기 7월 중순~9월 중순 장소 활엽수림 내의 땅 위

성숙한 버섯

성숙한 버섯

어린 버섯

외피막은 큰 곤봉모양으로 표면에는 고리무늬 작은 돌기로 덮여 있다.

주름살 간격은 촘촘하다.

갓 표면은 작은 원뿔모양 돌기로 덮여 있다.

턱받이는 백황색에 두툼한 치마모양인 막질이다.

흰알광대버섯
Amanita verna

갓 지름 5~8㎝ **자루 길이** 7~12㎝ **시기** 7~9월 **장소** 침엽수, 활엽수림 내의 땅 위

어린 버섯

외피막은 흰색이며 길고 큰 주머니모양이다.

KOH용액

흰알광대버섯은 KOH용액에 변색되지 않지만 독우산
광대버섯은 황변한다.

갓 표면은 흰색이고 윤기가 있으며 매끄러우나 쉽
게 손상된다.

턱받이는 흰색에 막질이다.

회청색광대버섯
Amanita griseoturcosa

갓 지름 3~5㎝ 자루 길이 4~10㎝ 시기 7~9월 장소 활엽수림, 혼합림 내의 땅 위

갓 표면은 회녹청색을 띤다.

턱받이는 흰색에 막질이다.

외피막은 흰색에 주머니모양이다.

살구노을버섯
Limacella delicata

갓 지름 3~9㎝ 자루 길이 4~9㎝ 시기 7~9월 장소 숲 속의 부엽토 위

주름살 간격은 약간 촘촘하다.

자루 표면은 턱받이 위쪽은 매끄럽고 흰색이며, 아래쪽은 적갈색이고 불규칙한 띠모양을 이룬다.

갓 표면은 매끄럽고 적갈색에서 점차 퇴색한다.

턱받이는 불분명한 솜털모양이다.

국수버섯
Clavaria fragilis (=*Clavaria vermicularis*)

자실체 높이 3~12㎝ 시기 가을 장소 잔디밭, 풀밭, 활엽수림 내의 땅 위

끝은 뭉툭하기도 하고 뾰족하기도 하다.

여러 가닥이 모여 다발로 발생한다.

맑은대국수버섯
Clavaria acuta

자실체 높이 1~6㎝ 시기 여름(8월 말)~가을(10월) 장소 풀밭, 잔디밭, 숲 속 양토질의 땅 위

끝은 대개 뭉툭한 방망이모양이지만 뾰족할 때도 있다.

보통 무리를 이루어 발생한다.

아래쪽으로 갈수록 가늘어진다.

이끼국수버섯
Clavaria straminea

국수버섯과
식용버섯

자실체 높이 1~3㎝ 시기 여름 장소 이끼가 자라는 땅 위

개체에 따라 차이는 있지만 보통 연한 녹황색을 띤다.

기부는 반투명한 녹황색을 띤다.

쇠뜨기버섯
Ramariopsis kunzei

국수버섯과
식독불명

자실체 높이 2~12㎝ 시기 여름~가을 장소 숲 속의 낙엽, 작은 나무 가지 위

끝이 항상 두 갈래로 갈라진다.

자루 하나에서 반복적으로 갈라져 나와 나중에는
큰 다발을 이룬다.

자주국수버섯
Alloclavaria purpurea (=Clavaria purpurea)

미확정분류과

식용버섯

자실체 높이 3~13㎝ 시기 가을(9~10월) 장소 침엽수림 내의 땅 위

회색빛이 도는 연한 자주색을 띤다.

다발로 발생한다.

좀노란창싸리버섯
Clavulinopsis helvola

자실체 높이 2~7㎝ 시기 여름~가을 장소 침엽수림 내의 부엽토, 풀밭, 이끼가 자라는 땅 위

낱개로 발생할 때가 많다.

노란창싸리버섯보다 작다.

노란창싸리버섯
Clavulinopsis fusiformis

자실체 높이 5~14㎝ 시기 늦은 여름~가을 장소 풀밭, 숲 속의 땅 위

좀노란창싸리버섯보다 크다.

보통 다발로 발생한다.

가지깃싸리버섯
Pterula multifida

깃싸리버섯과

식독불명

높이 2~6㎝ **시기** 여름 **장소** 숲 속의 떨어진 나뭇가지나 낙엽 위

어린 버섯

성숙한 버섯

흰붓버섯(붓버섯)
Deflexula fascicularis

깃싸리버섯과

식독불명

갓 지름 1~2㎝ **시기** 7~11월 **장소** 활엽수의 죽은 나무 위

어린 버섯은 끝이 뾰족하다.

기부 쪽은 흰색에서 점차 녹슨 듯한 색으로 변한다.

성숙한 버섯은 끝은 흰색이고 점차 넓어진다.

노란턱돌버섯
Descolea flavoannulata

끈적버섯과
식독불명

갓 지름 5~8㎝ 자루 길이 6~10㎝ 시기 여름(7월)~가을(10월) 장소 침엽수, 활엽수림 내의 땅 위

갓 표면 가장자리에 짧은 줄무늬가 나타난다.

턱받이는 노란색에 막질이고, 표면에 선명한 선이 나타난다.

갓 표면은 황갈색이고, 황토색 가루가 덮여 있다.

주름살 간격은 약간 촘촘하다.

노랑끈적버섯
Cortinarius tenuipes

갓 지름 4~9㎝ 자루 길이 6~10㎝ 시기 7~10월 장소 활엽수림 내의 땅 위

어린 버섯. 흙과 낙엽 속에 묻혀서 발견하기가 쉽지 않다.

성숙한 버섯. 대부분 무리를 이루어 발생한다.

어린 버섯은 주름살이 내피막에 쌓여 있다.

내피막 조각이 갓 가장자리에 붙는다.

갓 표면에는 미세한 섬유무늬가 있고 오렌지 빛이 도는 밝은 갈색이다.

주름살이 자루에 자연스럽게 내려 붙은 모양이고, 주름살 간격은 촘촘하다.

다색끈적버섯
Cortinarius variicolor

갓 지름 4~10㎝ 자루 길이 4~10㎝ 시기 8~10월 장소 침엽수림 내의 땅 위

어린 버섯. 갓 표면이 보라색이다.

성숙한 버섯. 갓 표면 위에 갈색 포자가 덮여 있다.

갓 표면에는 섬유무늬가 있고, 점차 갈색으로 변해 간다.

어릴 때 기부는 부풀어 있다.

침엽수림 내에서 볼 수 있다.

턱받이는 흰색에 거미집 같은 섬유질이다. 갈색을 띠는 것은 포자 때문이다.

주름살이 자루에 자연스럽게 내려 붙은 모양이고, 주름살 간격은 촘촘하다.

성긴주름끈적버섯
Cortinarius distans

갓 지름 2.5~6.5㎝ 자루 길이 4~8㎝ 시기 봄(4~5월), 가을(9~10월) 장소 활엽수림(참나무) 내의 땅 위

어린 버섯. 갓 표면에 솜털이 붙어 있고 원뿔모양이다.

자루 표면에는 흰색 외피막 조각이 붙어 있다.

보통 수가 적은 다발로 발생한다.

성숙하면 주름살은 적갈색으로 변한다.

어린 버섯. 턱받이는 갓과 분리된 내피막 조각이다.

갓 표면에 흰색이고 솜털모양인 외피막 조각이 붙어 있다.

오래되면 갓 표면은 솜털이 없어지고 납작해진다.

포자(홀씨) 크기 7~9×4~6㎛

전나무끈적버섯아재비
Cortinarius semisanguineus

갓 지름 2~5㎝ 자루 길이 3~8㎝ 시기 가을 장소 활엽수림(자작나무), 침엽수림 내의 땅 위

홀로 나기도 하지만 무리를 이룰 때가 많다.

전나무숲에서 발생했다.

주름살은 오렌지 빛이 도는 붉은색에서 적갈색으로 변해 칸다.

갓 표면은 황갈색 내지는 적갈색이고 섬유모양이다.

주름살 간격은 약간 촘촘하다.

푸른끈적버섯
Cortinarius salor

끈적버섯과

식용버섯

갓 지름 2.5~5㎝ 자루 길이 4~7㎝ 시기 늦은 여름~가을 장소 혼합림 내의 땅 위

갓 표면은 신선할 때 밝은 보라색을 띠다가 푸른색 또는 퇴색한 갈색으로 변해 간다.

소나무와 참나무가 있는 혼합림에서 발생했다.

주름살 간격은 약간 촘촘하다.

흑비듬끈적버섯
Cortinarius melanotus

끈적버섯과

식독불명

갓 지름 1.5~4.5㎝ 자루 길이 2.5~4.5㎝ 시기 여름~가을 장소 침엽수, 활엽수림 내의 땅 위

갓 표면은 가는 비늘로 덮여 있다.

침엽수(전나무)림에서 발생했다.

주름살 간격은 엉성하다.

74

풍선끈적버섯
Cortinarius purpurascens

갓 지름 3~10㎝ 자루 길이 3~10㎝ 시기 7~9월 장소 침엽수, 활엽수림 내의 땅 위

갓 표면은 미세한 섬유무늬가 있다.

갓 표면은 자주(보라)색~연보라~연한 갈색~갈색으로 변해간다.

자루 표면은 자주(보라)색 바탕에 세로로 된 섬유가 있다.

기부는 크게 부풀어 있다.

낙엽 속에서 발생해 찾기가 쉽지 않다. 공원에서도 발생한다.

점성물질이 있어 갓 표면에 항상 낙엽이 붙어 있다.

주름살 간격은 촘촘하다.

갓 지름 1.5~3㎝ 자루 길이 3~7㎝ 시기 봄~가을 장소 공원, 풀밭, 숲 속의 땅 위

성숙한 후에도 항상 돌출이 남아 있다.

어린 버섯. 갓과 자루 표면에 흰색 피막 조각이 붙어 있다.

주름살 간격은 엉성하고 오래되면 녹슨 갈색이 된다.

갓 표면은 적갈색인데 마르면 황토색으로 변한다.

포자 8.5~10.5×4.7~5.8㎛

은방울버섯
Calyptella campanula

낙엽버섯과
식독불명

자실체 높이 2~6㎜ 시기 여름 장소 초본식물(주로 쑥, 고마리)의 죽은 줄기

종모양이고 노란색을 띤다.

죽은 고마리 줄기에서 발생했다.

Gloiocephala cryptomeriae
국내 미기록종

낙엽버섯과
식독불명

갓 지름 0.8~1.8㎝ 자루 길이 0.4~1.5㎝ 시기 여름~가을 장소 침엽수(삼나무, 노송나무)의 죽은 줄기나 가지

주름살은 맥모양으로 주름져 있다.

어릴 때는 순백색이고, 점차 가운데부터 갈색으로 변해 간다.

자루는 흰색이지만 점차 아래쪽부터 갈색으로 변해 간다.

구멍빗장버섯
Favolaschia fujisanensis

낙엽버섯과

식독불명

갓 지름 1~2㎝ **자루 길이** 매우 짧음 **시기** 늦은 여름~가을 **장소** 주로 조릿대 등 썩은 대나무 종류

어린 버섯. 매우 짧은 자루가 있다.

자실층은 관공으로 되어 있고 벌집모양이다.

줄기검은대버섯
Tetrapyrgos nigripes

낙엽버섯과

식독불명

갓 지름 0.5~1.5㎝ **자루 길이** 1~2㎝ **시기** 여름~가을 **장소** 여러 식물의 마른 잎이나 마른 가지, 열매 등

자루는 검은색을 띤다.

주름살 간격은 엉성하다.

Hydropus atramentosus
국내 미기록종

갓 지름 1~4㎝ 자루 길이 2~4㎝ 시기 여름 장소 침엽수(주로 전나무, 가문비나무)의 그루터기 죽은 줄기 위

어린 버섯

주름살은 검게 얼룩지고 주름살 간격은 촘촘하다.

갓 표면은 검게 얼룩진다.

자루 표면에는 흰색 고운 가루가 붙어 있다.

제주맑은대버섯
Hydropus marginellus

갓 지름 0.4~1.5㎝ 자루 길이 0.8~2.5㎝ 시기 여름~가을 장소 침엽수의 썩은 그루터기 위

성숙한 버섯. 전나무에서 발생했다.

어린 버섯. 일본잎갈나무(낙엽송)에서 발생했다.

주름살 간격은 엉성하고 주름살의 날 끝은 자루 표면의 색과 같다.

솜털맑은대버섯
Hydropus floccipes

갓 지름 1~2㎝ 자루 길이 2.5~8㎝ 시기 여름~가을 장소 활엽수, 침엽수의 썩은 그루터기, 죽은 가지 위

갓은 원뿔모양 내지는 종모양이다.

자루 표면과 주름살 날에는 회갈색 가루가 붙어 있다.

털가죽버섯
Crinipellis stipitaria

낙엽버섯과
식독불명

갓 지름 2.5~5㎝ 자루 길이 4~7㎝ 시기 늦은 여름~가을 장소 잔디밭, 풀밭

갓 표면에는 갈색 털이 방사상으로 붙어 있다.

주로 살아 있는 벼과식물(잔디 등) 뿌리에 균을 형성한다.

주름살 간격은 약간 엉성하다.

테두리털가죽버섯
Crinipellis zonata

낙엽버섯과
식독불명

갓 지름 1~3㎝ 자루 길이 3~8㎝ 시기 여름~가을 장소 활엽수(주로 참나무)의 죽은 가지 위

갓 가운데가 배꼽모양이다.

활엽수 낙엽이나 죽은 가지 위에 발생한다.

주름살 간격은 약간 촘촘하다.

하얀선녀버섯
Marasmiellus candidus

갓 지름 1.5~4.5㎝ **자루 길이** 2.5~4.5㎝ **시기** 여름~가을 **장소** 침엽수, 활엽수림 내의 땅 위

주름살 간격은 엉성하며, 잔주름살로 서로 연결되어 있다.

기부는 검은색이고 자루가 짧다.

갓 표면은 흰색으로 굴곡져 있다.

오목패랭이버섯
Gerronema nemorale

낙엽버섯과
식독불명

갓 지름 1~1.5㎝ **자루 길이** 1~4㎝ **시기** 여름 **장소** 활엽수의 죽은 가지 위

갓 가운데가 오목하다.

주름살은 녹황색이고 주름살 간격은
엉성하다.

검은애기무리버섯
Clitocybula abundans

갓 지름 1.5~4㎝ 자루 길이 2~4㎝ 시기 여름~가을 장소 활엽수(특히 자작나무)의 죽은 줄기나 가지 위

갓 가운데는 배꼽모양이다.

무리를 이루어 발생한다.

어린 버섯은 갓 표면이 회색을 띤다.

갓 표면은 가늘게 방사상으로 갈라진다.

자루 표면도 회색에 가는 섬유모양이다.

넓은솔버섯(넓은큰솔버섯)

Megacollybia platyphylla

갓 지름 5~12㎝ 자루 길이 7~12㎝ 시기 여름(6월 중순~9월) 장소 활엽수, 침엽수의 죽은 그루터기, 줄기 위, 땅속에 묻힌 나무 등

어린 버섯. 수가 적은 다발로 나기도 한다.

성숙한 버섯. 자루 표면은 회갈색을 띤다.

어릴 때 갓 표면은 흑갈색 가루로 덮인다.

성숙하면 갓 표면은 방사상으로 갈라진다.

주름살 간격은 엉성하고 주름살의 날 끝이 흑갈색을 띨 때가 많다.

성숙한 버섯. 주름살 폭이 넓다.

낭상체버섯(큰낭상체버섯)

Macrocystidia cucumis

갓 지름 1~4㎝ 자루 길이 3~6㎝ 시기 7월 중순~9월 중순 장소 숲 속, 초원, 길가, 공원, 목장 등의 땅 위

어린 버섯

어린 버섯

전형적인 모습. 갓 표면은 습할 때 적갈색을 띤다.

어릴 때 갓은 종 모양이었다가 점차 원뿔모양이 된다.

자루는 검은색을 띠고 아래쪽으로 가늘어 질 때가 많다.

갓 표면은 마르면 황토색으로 변한다.

갓 표면은 성숙하고 건조해지면서 가는 섬유모양이 된다.

주름살 간격은 약간 촘촘하고, 자루 표면에는 흰색 가루가 붙어 있다.

표고버섯
Lentinula edodes

낙엽버섯과

식용버섯 · 약

갓 지름 6~10㎝ 자루 길이 3~6㎝ 시기 봄~가을 장소 깊은 산 활엽수(참나무)의 죽은 줄기 그루터기 위

갓 표면은 길고 흰색인 솜털로 덮인다.

어린 버섯

주름살 간격은 매우 촘촘하고, 자루는 갓에 비해 짧다.

참부채버섯
Sarcomyxa serotina

낙엽버섯과

식용버섯

갓 지름 5~10㎝ 자루 길이 0.3~0.7㎝ 시기 가을(10월 중) 장소 깊은 산속 활엽수의 죽은 줄기 위

주름살 간격은 매우 촘촘하다.

잘 보이지 않는 짧은 자루가 있다.

어린 버섯

갓 표면은 황갈색에서 자갈색을 띠기도 하며 녹갈색에서 녹황색을 띨 때도 있다

애기버터버섯(버터철쭉버섯)

Rhodocollybia butyracea

갓 지름 3~6㎝ 자루 길이 2~8㎝ 시기 봄(4월)~초겨울(12월) 장소 침엽수, 활엽수림 내의 낙엽이나 부엽토 위

어린 버섯

성숙한 버섯. 얼음이 어는 초겨울에도 발생한다.

여름에 발생한 개체는 좀 더 연한 색을 띤다.

갓 표면은 적갈색이고 버터를 바른 듯 윤기가 있다.

기부는 부풀어 있고, 주름살 간격은 촘촘하다.

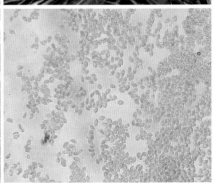

포자(플록신 염색) 크기 5.7~8×3~4.5㎛

점박이버터버섯(철쭉버섯)

낙엽버섯과

식용버섯

Rhodocollybia maculata

갓 지름 3~9㎝ **자루 길이** 4~11㎝ **시기** 초여름(6월)~가을(10월) **장소** 침엽수, 활엽수림 내의 낙엽이나 부엽토 위

어린 버섯, 갓 표면은 연갈색을 띤다.

성숙한 버섯, 연갈색에서 크림색으로 변해 간다.

갓 가운데는 오목하기도 하나 볼록할 때가 많다.

갓 표면은 오래되면 크림색으로 변하고 붉은 얼룩이 생기기도 한다.

큰 원을 만들며 발생할 때도 있다(균환).

주름살 간격은 매우 촘촘하고, 주름살에 부분적으로 붉은 점이 생기기도 한다.

갓 지름 3~7㎝ 자루 길이 4~9㎝ 시기 봄~가을 장소 침엽수의 썩은 나무, 땅 속에 묻힌 나무, 침엽수림 내의 부엽토 위

어린 버섯. 갓은 원뿔모양이다가 점차 편평해진다.

성숙한 버섯. 자루와 갓이 뒤틀린다.

Scale 5.000um

포자 크기 3.2~3.8×2.8~3.5㎛. 구형~유구형

자루 표면에는 갈색 점이 발생하기도 한다.

갓 표면은 적갈색이고 윤기가 있다.

주름살 간격은 매우 촘촘하다.

솔방울버섯
Baeospora myosura

갓 지름 1~3㎝ **자루 길이** 2~5㎝ **시기** 여름~초겨울 **장소** 솔방울, 전나무류의 열매 위

어린버섯

갓 표면은 황갈색으로 매끄럽다(신선할 때).

솔방울에서 발생한다.

갓 표면은 오목하거나 돌출이 생기기도 한다(마른 상태).

주름살 간격은 촘촘하다.

가랑잎밀버섯(가랑잎꽃애기버섯)
Gymnopus peronatus

갓 지름 1.5~3.5㎝ 자루 길이 2~5㎝ 시기 여름 장소 숲 속, 공원 풀밭, 길가, 숲 가장자리 등의 낙엽 또는 부엽토 위

어린 버섯. 갓 표면은 황갈색 내지는 연갈색을 띤다.

성숙한 버섯. 신선할 때는 방사상으로 주름진 선이 나타난다.

갓 표면은 마르면 쭈글쭈글해진다.

주름살 간격은 엉성하다.

기부에는 거친 흰색 털이 붙어 있다.

갓 지름 1~2.5㎝ **자루 길이** 2~5㎝ **시기** 여름~가을 **장소** 활엽수림, 침엽수림 내의 부엽토, 낙엽 위

무리를 이루어 발생한다.

젖은 모습

건조할 때　　　신선할 때

갓 가운데는 오목해지고 밝은 색이다.

자루 표면은 거친 털로 덮인다.

신선할 때 자루 표면은 적갈색이다.

건조할 때 자루 표면은 볏짚색으로 변한다.

민혹밀버섯
Gymnopus ocior

갓 지름 1.5~3㎝ 자루 길이 2~5㎝ 시기 봄(5월)~가을 장소 침엽수, 활엽수림 내의 땅 위

어린 버섯

어릴 때 갓 가운데에 돌출이 있다.

갓 표면은 신선할 때 적갈색을 띤다.

갓 표면은 마르면 황갈색을 띠고 가운데가 편평해진다.

주름살 간격은 촘촘하다.

포자 크기 4.5~6×2.5~3㎛

선녀밀버섯(선녀꽃애기버섯)
Gymnopus erythropus

갓 지름 1~3㎝ 자루 길이 4~8㎝ 시기 초여름~가을 장소 침엽수, 활엽수림 내의 낙엽이나 부엽토 우

갓 표면은 신선할 때 황토갈색을 띠는데 가장자리는 연한 색이다.

갓 표면은 마르면 크림색을 띠는데 가운데는 황토갈색을 유지한다.

자루는 붉은 기가 있는 황토갈색을 띤다.

주름살 간격은 촘촘하다.

애기밀버섯(밀꽃애기버섯)
Gymnopus confluens

갓 지름 1~4㎝ 자루 길이 4~8㎝ 시기 초여름~가을 장소 침엽수, 활엽수림 내의 부엽토, 낙엽 위

어린 버섯

다발을 이루거나 무리를 이루어 발생한다.

어릴 때 갓 표면은 적갈색을 띠고 가는 섬유무늬가 있다.

기부에는 흰색 균사가 있다.

주름살 간격은 촘촘하다.

성숙하면 기부는 검게 변한다.

오렌지밀버섯(굽은꽃애기버섯)
Gymnopus dryophilus

갓 지름 2~5㎝ 자루 길이 2.5~8㎝ 시기 봄(5월)~가을(10월) 장소 침엽수, 활엽수림 내의 낙엽, 부엽토

무리를 이루어 발생한다.

어린 버섯. 레몬색을 띤다.

갓 표면은 점차 밝은 색으로 퇴색한다.

주름살 간격은 매우 촘촘하다.

순백파이프버섯
Henningsomyces candidus

구멍 지름 0.2~0.4㎜ 높이(길이): 0.5~1㎜ 시기 봄(5~6월) 장소 활엽수, 침엽수의 죽은 나무껍질
이 없는 부분(심재) 위

어린 버섯. 바깥 면은 솜털이 붙어 있다.

자실체는 긴 컵 내지는 파이프모양이다.

낙엽버섯
Marasmius rotula

갓 지름 0.5~1.5㎝ 자루 길이 2~6㎝ 시기 여름 장소 낙엽 위나 썩은 나뭇가지 위

갓 가운데가 오목하다.

주름살은 자루에서 떨어져 있고 간격은 매우 엉성하다.

벽돌빛주름살낙엽버섯
Marasmius graminicola

낙엽버섯과

식독불명

갓 지름 0.5~1.5㎝ 자루 길이 3~6㎝ 시기 여름 장소 침엽수림, 활엽수림 내의 낙엽 위

어린 버섯

성숙한 버섯

갓 표면은 적갈색을 띤다.

주름살 간격은 매우 엉성하고 주름살 날 끝이 갈색을 띤다.

말총낙엽버섯
Marasmius crinis-equi

낙엽버섯과

식독불명

갓 지름 0.6~0.7㎝ 자루 길이 1~10㎝ 시기 여름 장소 활엽수의 낙엽 위

어린 버섯

자루는 철사 같이 가늘고 길다.

갓 표면은 흰색에서 황갈색으로 변해 간다.

주름살 간격은 매우 엉성해 주름살 수가 7~8개다.

99

갓 지름 2~4㎝ 자루 길이 2~5㎝ 시기 여름 장소 침엽수, 혼합림 내의 썩은 잔가지나 부엽토 위

어린 버섯

성숙한 버섯

자루 아래쪽 표면은 흑갈색을 띤다.

갓 표면은 미세한 벨벳모양이다.

주름살 간격은 엉성하다.

선녀낙엽버섯
Marasmius oreades

낙엽버섯과
식용버섯 · 약

갓 지름 2~5㎝ 자루 길이 4~7㎝ 시기 여름 장소 숲 속의 부엽토 위, 풀밭, 잔디밭 내의 땅 위

자루 표면은 처음에는 매끄러우나 오래되면 다소 거칠어진다.

갓 가운데가 볼록하다.

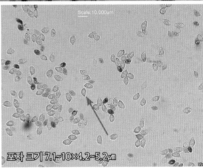

포자 크기 7.1~10×4.2~5.2㎛

습할 때 갓 표면에는 주름이 드러난다(비 맞은 후).

주름살 간격은 엉성하다.

큰낙엽버섯
Marasmius maximus

갓 지름 3~8㎝ 자루 길이 5~9㎝ 시기 여름 장소 침엽수, 활엽수(참나무)림, 대나무 주변의 낙엽이나 부엽토 위

어린 버섯. 진한 베이지색을 띤다.

건조할 때 갓 표면은 허옇게 탈색된다.

침엽수 낙엽 위에서 발생했다.

보통 무리를 이루어 발생한다.

성숙하면 갓 표면은 방사상으로 주름지고, 가운데는 갈색에 가까워진다.

주름살 간격은 엉성하다.

애기낙엽버섯
Marasmius siccus

낙엽버섯과
식독불명

갓 지름 1~2.5㎝ 자루 길이 4~7㎝ 시기 여름 장소 활엽수의 낙엽 위

갓 표면은 황갈색을 띠고, 무리를 이루어 발생한다.

어린 버섯

주름살 간격이 매우 엉성하다.

앵두낙엽버섯(종이꽃낙엽버섯)
Marasmius pulcherripes

낙엽버섯과
식독불명

갓 지름 0.8~1.5㎝ 자루 길이 3~6㎝ 시기 여름 장소 침엽수, 활엽수림 내의 낙엽 위

갓 표면은 분홍색을 띤다.

주름살 간격은 매우 엉성하다.

풀잎낙엽버섯
Marasmius graminum

갓 지름 1.5~4.5㎝   자루 길이 0.2~0.7㎝   시기 여름   장소 낙엽, 초본식물(주로 벼과 식물)의 잎이나 줄기 위

주름살 수가 8~13개로 간격이 매우 엉성하다.

벼과 초본식물 잎에서 발생했다.

분홍색, 베이지색, 황토색, 연갈색 등으로 색이 다양하다.

자주색줄낙엽버섯
Marasmius purpureostriatus

갓 지름 1~2.5㎝   자루 길이 3.5~11㎝   시기 여름   장소 활엽수림 내의 낙엽 위나 떨어진 나뭇가지 위

갓 표면에는 자주색으로 홈이 팬 선이 선명하다.

주로 충청 이남에서 발견된다.

주름살 간격은 매우 엉성하다.

그물주름낙엽버섯
Marasmius brunneospermus

낙엽버섯과
식독불명

갓 지름 2~5㎝ 자루 길이 3~6㎝ 시기 여름 장소 침엽수, 활엽수림 내의 낙엽이나 부엽토 위

어린 버섯. 기부에는 흰색에, 긴 털모양인 균사가 있다.

성숙한 버섯

갓 표면은 습할 때 황갈색이다가 마르면 볏짚색으로 변한다.

갓 표면에는 곰보 같이 홈이 있다.

주름살 간격은 촘촘하다.

환희낙엽버섯
Marasmius delectans

갓 지름 1~4㎝ 자루 길이 2~7㎝ 시기 여름 장소 활엽수의 낙엽 위

어린 버섯의 갓 표면은 연한 황갈색을 띤다.

성숙한 버섯. 자루 표면 색은 아래쪽으로 갈수록 진한 암갈색을 띤다.

갓 표면은 마르면 흰색으로 변한다.

자루 위쪽은 흰색이다.

주름살 간격은 엉성하다.

갓 지름 3~6㎝ 자루 길이 4~13㎝ 시기 여름~가을 장소 활엽수림, 혼합림 내의 낙엽 위

자루가 곧고 단단하다.

주름살 간격은 약간 엉성하다.

갓 표면은 밝은 황갈색 내지는 황갈색을 띤다.

오래되면 갓 표면이 주름진다.

난버섯
Pluteus cervinus

갓 지름 4~9㎝ **자루 길이** 5~12㎝ **시기** 봄(5월)~가을(10월) **장소** 활엽수의 죽은 그루터기, 썩은 줄기, 가지, 톱밥 더미 위

어린 버섯. 갓 표면이 쭈글쭈글하다.

성장기의 버섯. 갓 표면에 회색빛이 짙어진다.

갓 표면은 암갈색에서 회갈색으로 변해 간다.

성숙한 버섯

분홍색 포자가 짙게 내려앉은 모습

주름살 간격은 촘촘하다.

어릴 때 주름살은 흰색이었다가 점차 분홍색으로 변해 간다.

노란난버섯
Pluteus leoninus

갓 지름 2~6㎝ 자루 길이 3~7㎝ 시기 봄(5월)~가을(10월) 장소 활엽수의 죽은 그루터기, 썩은 줄기, 가지, 톱밥 더미 위

갓 표면 가장자리에는 줄무늬가 있다.

어린 버섯. 갓 가운데 표면에 굴곡이 있다.

성숙하면 주름살이 분홍색을 띠고, 주름살 간격은 촘촘하다.

망사난버섯
Pluteus phlebophorus

갓 지름 1.5~4㎝ 자루 길이 3~5㎝ 시기 봄~가을 장소 숲 속의 썩은 나무나 땅에 묻힌 나무토막 위

갓 표면에는 망사 같은 주름이 전면에 있다.

주름살은 흰색에서 분홍색으로 변해 가고 주름살 간격은 촘촘하다.

빨간난버섯
Pluteus aurantiorugosus

갓 지름 2~4㎝ 자루 길이 3~4㎝ 시기 봄~가을 장소 활엽수의 썩은 나무 위

어린 버섯

기부는 갓과 같은 붉은색을 띤다.

어릴 때 갓 표면은 붉은색을 띤다.

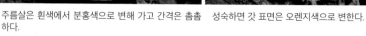

주름살은 흰색에서 분홍색으로 변해 가고 간격은 촘촘하다.

성숙하면 갓 표면은 오렌지색으로 변한다.

110

벌집난버섯
Pluteus thomsonii

갓 지름 2~4㎝ 자루 길이 2~4.5㎝ 시기 가을 장소 활엽수의 죽은 그루터기, 썩은 줄기, 가지

갓 표면 전체 또는 가운데를 중심으로 선명한 그물무늬가 있다.

자루 표면은 회색이다.

애기난버섯
Pluteus nanus

갓 지름 1~3㎝ 자루 길이 2~4㎝ 시기 봄~가을 장소 활엽수의 죽은 나뭇가지, 땅속에 묻힌 가지 위

갓 표면은 흑갈색에서 회갈색으로 변해 가며 잔주름이 있다.

매우 작은 버섯이다.

주름살 간격은 엉성하다.

흰난버섯
Pluteus petasatus

난버섯과
식용버섯

갓 지름 5~10㎝ 자루 길이 5~8㎝ 시기 봄~가을 장소 활엽수의 죽은 그루터기, 썩은 줄기, 가지, 톱밥 더미 위

갓 표면 가운데에 흑갈색 비늘이 덮여 있다.

떡갈나무 죽은 부분에서 발생했다.

주름살 간격은 촘촘하다.

호피난버섯
Pluteus pantherinus

난버섯과
식독불명

갓 지름 3~6㎝ 자루 길이 4~7㎝ 시기 여름~가을 장소 활엽수의 죽은 그루터기, 썩은 줄기 위

갈색 바탕에 백황색 반점 무늬가 있다.

Volvariella caesiotincta
국내 미기록종

갓 지름 3~6㎝ 자루 길이 6~8㎝ 시기 여름~가을 장소 활엽수의 죽은 그루터기나 주변, 썩은 줄기 위

-썩은 느릅나무에서 발생했다.

기부에는 회색에 주머니모양인 외피막이 있다.

갓 표면은 회흑색이고 회백색 털로 덮여 있다.

주름살은 흰색에서 분홍색으로 변해 가고 간격은 촘촘하다.

백마비단털버섯
Volvariella hypopithys

난버섯과
식독불명

갓 지름 1.5~5㎝ 자루 길이 3~6㎝ 시기 여름~가을 장소 활엽수림, 혼합림 내의 땅 위

기부에는 흰색에 주머니모양인 외피막이 있다.

주름살은 흰색에서 분홍색으로 변해 가고 간격은 촘촘하다.

갓 표면은 흰색이고, 역시 흰색인 비단 같은 털로 덮여 있다.

자루 표면에도 흰색 털이 덮여 있다.

고깔쥐눈물버섯(고깔갈색먹물버섯)
Coprinellus disseminatus

갓 지름 1.5~2.5㎝ 자루 길이 2.5~5㎝ 시기 봄~가을 장소 활엽수의 죽은 나무, 땅에 묻힌 나무, 부엽토 위

보통 큰 무리를 이루어 발생한다.

어릴 때 갓 표면은 백황색이었다가 점차 회색으로 변해 간다.

갈색쥐눈물버섯(갈색먹물버섯)
Coprinellus micaceus

갓 지름 1~4㎝ 자루 길이 3~8㎝ 시기 봄~가을 장소 활엽수의 죽은 나무, 땅에 묻힌 나무, 부엽토 위

갓 가장자리부터 녹아내리지만 완전히 녹지는 않는다.

어릴 때 갓 표면은 황갈색을 띤다.

마르고 오래된 버섯

노랑쥐눈물버섯(황갈색먹물버섯)
Coprinellus radians

갓 지름 2~3㎝ 자루 길이 2~5㎝ 시기 초여름~가을 장소 활엽수의 죽은 나무, 땅에 묻힌 나무, 부엽토 위

  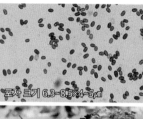

포자 크기 6.3~8.5×4~5㎛

갓 표면은 가는 비늘로 덮여 있다.   기부에 노란색 균사가 있지만 받침대쥐눈물버섯보다 덜 거칠고 양도 적다.

받침대쥐눈물버섯(받침대갈색먹물버섯)
Coprinellus domesticus

갓 지름 2~3㎝ 자루 길이 4~12㎝ 시기 초여름~가을 장소 활엽수의 죽은 나무, 땅에 묻힌 나무, 부엽토 위

자루와 갓이 분리된 부분에 받침대 같은 흔적이 남는다.

기주에는 거친 노란색 균사가 있다.

갓 표면은 노랑쥐눈물버섯보다 큰 비늘로 덮여 있다.

각모양산버섯

Parasola conopilus

갓 지름 2~4.5㎝ 자루 길이 4~10㎝ 시기 봄~가을 장소 정원, 목장, 풀밭, 길가, 숲 속 등의 땅 위

갓은 원뿔모양에서 점차 편평해진다.

갓은 원뿔모양에서 점차 편평해진다.

갓 표면에는 가운데부터 가장자리까지 줄무늬가 있다.

주름살은 흰색에서 흑갈색으로 변해 가고 간격은 약간 엉성하다.

갓 표면은 암갈색에서 마르면 밀짚색이 된다.

외피막은 흰색에 큰 주머니모양이다.

양산버섯
Parasola plicatilis

눈물버섯과
식독불명

갓 지름 1~2.5㎝ 자루 길이 4~7㎝ 시기 봄~가을 장소 잔디밭, 풀밭, 길가, 숲 가장자리 등의 땅 위

활짝 핀 갓 표면은 파라솔을 연상시킨다.

자루는 연약하지만 보통 곧게 성장한다.

주름살은 검은색으로 변하고 간격은 엉성하다.

고슴도치버섯
Cystoagaricus strobilomyces

눈물버섯과
식독불명

갓 지름 1~3㎝ 자루 길이 1.5~4㎝ 시기 여름~가을 장소 활엽수의 죽은 나무 위

주름살은 회색에서 녹슨 색으로 변해 간다.

갓 표면은 짙은 회색 바탕에 같은 색 가시가 전면에 붙어 있다.

주름살 간격은 약간 촘촘하다.

두엄흙물버섯(두엄먹물버섯)
Coprinopsis atramentaria

눈물버섯과

식용버섯 · 약 · 독

갓 지름 5~8㎝ **자루 길이** 7~15㎝ **시기** 봄~늦가을 **장소** 공원, 정원, 밭, 풀밭, 썩은 나무 근처의 땅 위

갓은 긴 원뿔모양이고, 갓 표면은 회색을 띤다.

갓 가장자리부터 액화되어 사라진다.

땅 깊은 곳에서부터 힘차게 솟아오른다.

비가 오면 발생하고 낙엽 진 11월에도 발생한다.

꼬마흙물버섯(꼬마두엄먹물버섯)
Coprinopsis friesii

눈물버섯과

식독불명

갓 지름 0.5~1㎝ **자루 길이** 1~3㎝ **시기** 여름 **장소** 벼과 식물, 풀 더미, 옥수수대, 수숫대 위

초본식물 위에 무리를 이루어 발생한다.

초본식물 위에 무리를 이루어 발생한다.

갓 표면은 가는 가루로 덮여 있다가 떨어진다.

소녀흙물버섯(소녀두엄먹물버섯)
Coprinopsis lagopus

눈물버섯과
식독불명

갓 지름 3~5㎝ 자루 길이 5~10㎝ 시기 여름~가을 장소 쓰레기장이나 두엄더미, 숲 속의 부엽토 위

어린 버섯

어린 버섯. 흰색 솜털로 덮여 있다.

전형적인 모습

오래되면 주름살이 녹아내리고 건조하면 갓이 위로
말려 올라간다.

잔디말똥버섯
Panaeolus reticulatus

갓 지름 0.8~2㎝ 자루 길이 5~7㎝ 시기 봄~여름 장소 잔디밭, 풀밭, 이끼 사이 등의 땅 위

습할 때 갓 표면은 황갈색 내지는 연한 적갈색을 띤다.

습할 때 갓 표면 가장자리 쪽으로 불분명한 띠무늬가 나타난다.

마르면 갓 표면은 연갈색 내지는 밀짚색으로 변한다.

마르면서 갓 표면에 주름이 생기기도 한다.

주름살 간격은 약간 엉성하다.

주름살은 암갈색에서 흑갈색으로 변해 간다.

큰눈물버섯
Lacrymaria lacrymabunda

눈물버섯과
식용버섯 · 독

갓 지름 3~7㎝ 자루 길이 5~10㎝ 시기 봄~가을 장소 평탄한 숲 속, 풀밭, 길가, 공원 등의 땅 위

어린 버섯

어린 버섯

성숙한 버섯

주름살 간격은 촘촘하다.

갓 표면은 황갈색에 섬유모양이다.

어릴 때 주름살은 연노란색이었다가 점차 자갈색으로 변해 간다.

껍질눈물버섯
Psathyrella bipellis

갓 지름 1.5~3㎝ 자루 길이 3~7㎝ 시기 봄~가을 장소 땅에 묻힌 나무, 부엽토 위

어린 버섯

어린 버섯

갓 표면은 자갈색에서 베이지색으로 변해 간다.

갓 표면에는 방사상으로 주름이 있다.

주름살은 자갈색에서 흑갈색으로 변해 가고 주름살 간격은
엉성하다.

123

다람쥐눈물버섯
Psathyrella piluliformis

눈물버섯과

식용버섯

갓 지름 2~5cm **자루 길이** 3~7cm **시기** 봄~초겨울 **장소** 활엽수의 죽은 나무, 땅에 묻힌 나무, 고목 주변 땅 위

어린 버섯. 갓 가장자리에 솜털모양 내피막 조각이 붙어 있다.

땅에 묻힌 나무(활엽수)에서 발생했다.

갓 표면은 때때로 갓 가운데가 불에 그을린 듯이 검게 변하기도 한다.

갓 표면은 황갈색이고 매끄럽다.

자루는 연약하고 표면은 흰색이며, 자루 속은 비어 있다.

어릴 때 주름살은 연한 백황색이었다가 점차 갈색으로 변해 간다.

124

애기눈물버섯

Psathyrella obtusata

갓 지름 1~3㎝   자루 길이 3~8㎝   시기 봄~가을   장소 땅에 묻힌 나무, 부엽토 위

어린 버섯

성숙한 버섯

늙은 버섯. 갓 부분이 반쯤 녹아내리지만 완전히 녹지는 않는다.

갓 표면은 암갈색 내지는 적갈색에서 연노란색으로 변해 간다.

주름살 간격은 약간 엉성하다.

주름살은 흰색에서 회갈색~암자갈색으로 변해 간다.

요철눈물버섯
Psathyrella delineata

식독불명

갓 지름 3~10㎝ 자루 길이 5~10㎝ 시기 봄~늦은 가을 장소 활엽수의 죽은 나무, 땅에 묻힌 나무, 부엽토 위

어린 버섯. 습할 때 갓 표면은 적갈색에서 황갈색으로 변해 간다.

갓 표면은 심하게 주름져 있다.

마를 때는 가운데부터 가장자리 쪽으로 말라 간다.

갓 표면과 가장자리에는 피막 조각이 오랫동안 붙어 있다.

주름살 간격은 촘촘하다.

족제비눈물버섯
Psathyrella candolliana

갓 지름 3~7㎝ 자루 길이 4~8㎝ 시기 여름~가을 장소 활엽수의 죽은 나무, 땅에 묻힌 나무, 고사목 주변 땅 위

어린 버섯. 습할 때 갓 표면은 노란색 내지는 연한 황갈색을 띤다.

갓 표면은 마르면 연한 백황색으로 변한다.

갓 표면과 가장자리에 피막 조각이 붙어 있다가 떨어진다.

주름살은 흰색에서 자갈색으로 변해 간다.

갓 표면과 가장자리에 피막 조각이 붙어 있다가 떨어진다.

고목 주변 땅 위에서 발생했다.

주름살 간격은 촘촘하다.

127

회갈색눈물버섯
Psathyrella spadiceogrisea

갓 지름 2.5~5㎝ 자루 길이 4~8㎝ 시기 봄(4~5월) 장소 활엽수의 죽은 가지, 땅에 묻힌 나무, 부엽토 위

신선할 때. 무리를 이루어 발생한다.

신선할 때 갓 표면은 연갈색을 띤다.

자루 꼭대기 표면이 흰색을 띤다.

주름살 간격은 약간 촘촘하다.

갓 표면은 마르면 회갈색을 띤다.

어릴 때 주름살은 흰색이었다가 점차 적갈색으로 변해 간다.

꼬막버섯
Coprinopsis atramentaria

갓 지름 3~8㎝ 자루 길이 2~6㎝ 시기 여름 장소 땅 속에 묻힌 나무, 썩은 톱밥 더미 위

갓은 황갈색이고 주걱모양으로 한쪽으로 치우쳐 자란다.

어릴때 갓 가장자리는 안으로 말려 있다.

주름살은 자루에 길게 내려 붙은 모양이고, 간격은 촘촘하다.

애기꼬막버섯
Hohenbuehelia reniformis

갓 지름 0.8~1.5㎝ 자루 길이 매우 짧거나 없음 시기 초여름 장소 활엽수의 죽은 줄기, 가지 위

기부 쪽 갓 표면은 털로 덮여 있다.

주름살 간격은 엉성하다.

쥐털꼬막버섯
Hohenbuehelia atrocoerulea

느타리과
식용버섯 · 약

갓 지름 2~5㎝ 자루 길이 거의 없음 시기 여름~가을 장소 활엽수의 죽은 줄기나 가지 위

갓 표면은 흑갈색에서 갈색으로 변해 가고 흰 가루가 붙어 있다.

주름살 간격은 약간 촘촘하다.

노랑느타리
Pleurotus citrinopileatus

느타리과
식용버섯 · 약

갓 지름 2~9㎝ 자루 길이 2~5㎝ 시기 초여름~가을 장소 활엽수의 죽은 줄기나 가지 위

노란색으로 색감이 독보적이다.

자루는 갓 가운데에 있다.

갓 지름 5~15㎝ 자루 길이 1~3㎝ 시기 가을~봄 장소 활엽수의 그루터기, 죽은 줄기, 가지 위

어린 버섯

갓 표면은 회갈색을 띤다.

다발로 발생한다.

갓은 부채모양 같이 한쪽으로 치우쳐 자란다.

주름살 간격은 촘촘하다.

산느타리
Pleurotus pulmonarius

식용버섯 · 약

갓 지름 2~8㎝ 자루 길이 0.5~3㎝ 시기 초여름~가을 장소 활엽수의 그루터기, 죽은 줄기, 가지 위

짧은 자루가 있다.

성장하면서 갓 표면은 점차 색이 엷어진다.

느타리의 생장 기간인 늦가을~봄이 아닌 초여름~가을에 발생한다.

어린 버섯의 갓 표면은 회색을 띤다.

주름살 간격은 촘촘하다.

애기볏짚버섯
Agrocybe arvalis

갓 지름 1~3㎝ 자루 길이 3~10㎝ 시기 여름~가을 장소 길가, 톱밥 더미, 숲 속의 유기물이 많은 땅 위

어린 버섯

톱밥 더미에서 무리를 이루어 발생한다.

갓 표면에 주름이 잡히기도 한다.

균사 덩어리인 균핵에서 발생한다.

자루 위쪽 표면에는 가루가 붙어 있다.

주름살은 약간 촘촘하고 흰색에서 갈색으로 변해 간다.

보리볏짚버섯
Agrocybe erebia

갓 지름 2~7㎝ **자루 길이** 3~6㎝ **시기** 봄~가을 **장소** 숲 속, 정원, 밭, 공원 등의 유기물이 많은 땅 위

습할 때 갓 표면은 끈적거리고 흑갈색을 띤다.

건조할 때 갓 표면은 회갈색을 띤다.

어린 버섯. 갓 가장자리에 흰색 비늘이 붙기도 한다.

주름살 간격은 약간 촘촘하며, 자루 위쪽에 턱받이가 있다.

가루볏짚버섯
Agrocybe farinacea

갓 지름 2~4㎝ 자루 길이 3~7㎝ 시기 봄~가을(주로 봄에 발생) 장소 죽은 초본식물 더미, 톱밥 더미, 숲 속의 유기물이 많은 땅 위

어린 버섯. 자루가 두껍다.

성숙한 버섯

톱밥 더미에서 무리를 이루어 발생했다.

갓 표면이 얼룩지며 말라 가는 모습도 특징 가운데 하나다.

자루 위쪽에 가루가 붙어 있다.

주름살은 흰색에서 갈색으로 변해 간다.

볏짚버섯
Agrocybe praecox

갓 지름 2~8㎝ 자루 길이 5~10㎝ 시기 봄~가을(5월에 집중적으로 발생) 장소 길가, 풀밭, 숲 가장자리 땅 위

어린 버섯

성숙한 버섯

주름살 간격은 촘촘하다.

갓 표면은 볏짚색~황토색이나, 포자가 날려 갈색으로 보인다.

턱받이가 될 내피막. 어릴 때 이런 모습을 보일 때가 많다.

턱받이에 포자가 내려앉아 갈색을 띤다.

황토벗짚버섯
Agrocybe semiorbicularis

독청버섯과(포도버섯과)

식용버섯

갓 지름 1.5~2.5㎝ 자루 길이 3~4㎝ 시기 봄~가을 장소 밭, 길가, 목장, 풀밭, 잔디밭 등의 유기물이 많은 땅 위나 썩은 짚 위

어린 버섯

표면 내부에서 균열이 생기는 경우가 많다.

성숙한 버섯

갓 표면은 성숙하면서 점차 연한 색으로 변한다.

주름살 간격은 약간 엉성하다.

주름살은 흰색에서 갈색으로 변해 간다.

독황토버섯(독에밀종버섯)
Galerina fasciculata

독청버섯과(포도버섯과)

맹독버섯

갓 지름 2~5㎝ 자루 길이 3~6㎝ 시기 봄~가을 장소 톱밥 더미, 쓰레기가 버려진 곳, 썩은 나무 위

모양이 불분명한 턱받이가 있다.

갓 가장자리에는 줄무늬가 있다.

갓 표면은 가운데부터 말라 간다.

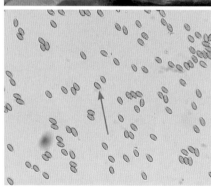

포자 크기 6.5~8.5×3.5~4.2㎛

주름살 간격은 약간 촘촘하다.

갓 지름 1.5~4㎝ 자루 길이 2~5㎝ 시기 봄~가을 장소 침엽수, 활엽수 내의 죽은 그루터기, 줄기, 떨어진 나뭇가지 및 부엽토 위

어릴 때 갓 가운데에 약간 돌출이 있다.

갓 표면 가장자리에 줄무늬가 있다.

이끼 낀 죽은 나무에서 발생했다.

다발로 발생한 모습

턱받이 아래쪽은 색이 짙고, 주름살은 자루에 내려 붙는 모양이다.

황토버섯(이끼에밀종버섯)
Galerina vittiformis

갓 지름 0.5~1.5㎝ 자루 길이 3~7㎝ 시기 봄~늦가을 장소 풀밭의 이끼 사이

이끼 사이에서 발생하는 작고 예쁜 버섯이다.

줄무늬가 가운데까지 길고 선명하게 보인다.

갓 표면은 가운데부터 말라 간다.

갓은 긴 종모양에서 삿갓모양으로 변하지만 완전히
펴지지는 않는다.

주름살 간격은 엉성하다.

140

Hypholoma capnoides
국내 미기록종

갓 지름 2~6㎝ 자루 길이 2~8㎝ 시기 봄, 가을 장소 침엽수(전나무, 소나무) 죽은 나무 땅 위

어린 버섯

갓 표면 가운데는 색이 짙다.

자루는 보통 굽어진다.

주름살 간격은 약간 촘촘하다.

갓 가장자리에 희미하게 피막 흔적이 남는다.

어릴 때 주름살은 백황색이었다가 점차 회흑갈색으로 변해
간다.

노란다발버섯(노란개암버섯)
Hypholoma fasciculare

갓 지름 2~7㎝ **자루 길이** 3~10㎝ **시기** 초봄~초겨울 **장소** 활엽수, 침엽수의 죽은 나무, 그루터기, 땅에 묻힌 나무 위

어린 버섯. 탐스러운 모습이다.

큰 무리를 이룰 때가 많다.

작게 발생한 개체

전체적으로 녹황색을 띤다.

턱받이에 포자가 내려앉아 자갈색을 띤다.

어릴 때 주름살은 연노란색이었다가 점차 녹갈색으로 변해 가고, 간격은 촘촘하다.

개암다발버섯(개암버섯)

Hypholoma sublateritium

독청버섯과(포도버섯과)

식용버섯 · 독

갓 지름 3~8㎝ 자루 길이 5~10㎝ 시기 가을 장소 활엽수, 침엽수의 그루터기, 죽은 줄기, 가지, 땅에 묻힌 나무

어린 버섯. 갓 표면이 흰색 솜털로 덮여 있다.

자루 아래쪽은 목질이다.

성숙해서도 갓 가장자리에 솜털이 붙어 있다.

주름살 간격은 촘촘하다.

어릴 때 주름살은 백황색이었다가 점차 자갈색으로 변해 간다.

미치광이버섯(솔미치광이버섯)
Gymnopilus liquiritiae

갓 지름 1.5~4㎝ **자루 길이** 2~5㎝ **시기** 여름~가을 **장소** 침엽수의 썩은 나무 위

어린 버섯

갓 표면은 황적갈색이고 매끄럽다.

주름살은 노란색에서 갈색으로 변해 가고 간격은 촘촘하다.

침투미치광이버섯
Gymnopilus penetrans

독청버섯과(포도버섯과)

식독불명

갓 지름 3~7㎝ 자루 길이 3~7㎝ 시기 여름~가을 장소 활엽수에서도 발생하지만 주로 침엽수의 썩은 나무 위

어린 버섯

성숙해지면서 갈색이 짙어지고 적갈색 반점이 생기기도 한다.

갓 표면은 미세한 섬유모양이고 기부에는 흰색 균사가 있다.

자루 꼭대기에 턱받이가 있으나 떨어지기 쉽다.

주름살은 연노란색에서 적황색으로 변해 가고 간격은 촘촘하다.

갈황색미치광이버섯
Gymnopilus junonius

독청버섯과(포도버섯과)

독버섯

갓 지름 5~15㎝ 자루 길이 5~15㎝ 시기 초여름~가을 장소 살아 있는 활엽수의 썩은 부분, 죽은 나무 위

갓 표면에는 가는 갈색 얼룩이 있다.

어린 버섯

갈색 포자가 내려앉은 턱받이가 있다.

뿌리자갈버섯
Hebeloma radicosum

독청버섯과(포도버섯과)

식용버섯

갓 지름 8~15㎝ 자루 길이 8~15㎝ 시기 가을 장소 숲 속의 땅 위, 두더지 굴

기부는 뿌리모양이다.

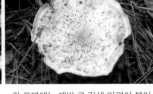

주름살 간격은 촘촘하고, 턱받이가 있다.

갓 표면에는 제법 큰 갈색 인편이 붙어 있다.

무자갈버섯

Hebeloma crustuliniforme

갓 지름 3~6㎝ 자루 길이 3~7㎝ 시기 봄~늦가을 장소 공원, 길가, 숲 가장자리, 숲 속의 땅 위

무 냄새와 매운맛이 난다.

갓 표면에 물을 머금은 얼룩이 있을 때가 많다.

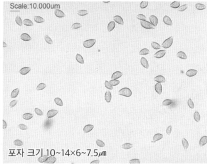

Scale:10.000um

포자 크기 10~14×6~7.5㎛

어릴 때 주름살은 흰색이었다가 점차 갈색으로 변해
가고 간격은 촘촘하다.

자루 꼭대기 표면에는 흰색 가루가 붙어 있다.

147

밤자갈버섯(포도색자갈버섯)

Hebeloma vinosophyllum

갓 지름 1.5~4㎝ 자루 길이 2~5㎝ 시기 여름~가을 장소 공원, 길가, 숲 속의 땅 위

갓 표면은 흰색에 가까우나 포자가 날리거나 물들면서 적갈색으로 변한다.

어린 버섯

주름살은 분홍색을 거쳐 포도주 같은 적갈색으로 변하며, 간격은 약간 촘촘하다.

자루 꼭대기에는 흰색 가루가 붙어 있다.

무리우산버섯
Kuehneromyces mutabilis

갓 지름 2~5㎝ 자루 길이 3~7㎝ 시기 봄~가을 장소 살아 있는 활엽수, 침엽수의 썩은 부분, 죽은 나무 위

어린 버섯

성숙한 버섯. 포자가 날려 갈색을 띤다.

갓 표면 가운데가 볼록하기도 하다.

갓 가장자리에 피막 조각이 붙어 있다.

갓 표면 가장자리에 짧은 선이 있고, 주름살 간격은 약간 촘촘하다.

막질 내지는 섬유모양 턱받이가 있다.

149

청환각버섯
Psilocybe argentipes

독버섯

갓 지름 1~5㎝ 자루 길이 6~8㎝ 시기 여름~가을 장소 숲 속, 공원 등 유기물이 많은 땅 위

상처가 나면 푸른색으로 변한다.

환각 증상을 일으키는 독성이 있다.

주름살은 회갈색에서 흑갈색으로 변해
간다.

톱날독청버섯(톱날포도버섯)
Stropharia ambigua

독청버섯과(포도버섯과)

식독불명

갓 지름 3~10㎝ 자루 길이 5~12㎝ 시기 여름~가을 장소 숲 속의 부엽토 위

갓 표면 가장자리에는 내피막 조각이 톱
날처럼 붙어 있다.

유기물이 많은 부엽토 위에 발생했다.

주름살은 연회색에서 자줏빛이 도는
회색으로 변해 가고, 간격은 촘촘하다.

독청버섯(포도버섯)
Stropharia aeruginosa

갓 지름 3~7㎝ 자루 길이 4~10㎝ 시기 여름~초겨울 장소 활엽수림, 침엽수림 내의 부엽토, 나무 부스러기, 습한 땅 위

어린 버섯

습할 때 갓 표면은 점액질로 덮인다.

마르면 갓 표면에 윤기가 돈다.

턱받이는 흰색 막질로 떨어지기 쉽다.

갓 표면은 청록색에서 황록색으로 변해 간다.

주름살은 회백색에서 자갈색으로 변해 가고 간격은 약간 촘촘하다.

독청버섯(회갈색형/ 포도버섯)
Stropharia aeruginosa f. *brunneola*

독청버섯과(포도버섯과)

식독불명

갓 지름 2~5㎝ 자루 길이 2~5㎝ 시기 여름~가을 장소 활엽수림, 침엽수림 내의 부엽토, 나무 부스러기, 습한 땅 위

어린 버섯

성숙한 버섯. 독청버섯과 같은 종 다른 품종이다.

어릴 때 갓 표면은 자갈색에서 갈색~회갈색으로 변해 간다.

기부에는 흰색에 긴 꼬리모양 균사가 있다.

턱받이는 흰색 막질로 떨어지기 쉽다.

주름살은 회백색에서 자갈색으로 변해 가고 간격은 촘촘하다.

독청버섯아재비(황색형/ 턱받이포도버섯)

독청버섯과(포도버섯과)

Stropharia rugosoannulata f. *lutea*

식용버섯 · 약

갓 지름 7~15㎝ 자루 길이 9~15㎝ 시기 봄~가을(주로 봄) 장소 풀밭, 밭, 쓰레기장, 목장, 톱밥 더미, 숲 가장자리 등 유기물이 많은 장소

갓 표면이 노란색인 것이 다르다.

독청버섯아재비와 같은 종 다른 품종이다.

독청버섯아재비(턱받이포도버섯)

독청버섯과(포도버섯과)

Stropharia rugosoannulata

식용버섯 · 약

갓 지름 7~15㎝ 자루 길이 9~15㎝ 시기 봄~가을(주로 봄) 장소 풀밭, 밭, 쓰레기장, 목장, 톱밥 더미, 숲 가장자리 등 유기물이 많은 장소

어린 버섯

턱받이는 두툼한 막질에 고리모양이며, 별모양으로 갈라진다.

갓 표면은 자갈색이다.

주름살은 흰색에서 청회색으로 변한다.

검은비늘버섯
Pholiota adiposa

독청버섯과(포도버섯과)

식용버섯 · 약

갓 지름 3~8㎝ 자루 길이 4~11㎝ 시기 봄~가을 장소 활엽수의 그루터기, 죽은 줄기 위

어린 버섯

성장기. 갓 가장자리의 비늘은 흰색이다.

어린 버섯의 비늘은 흰색이다.

성숙한 버섯

주름살 간격은 촘촘하고, 백황색에서 갈색으로 변해
간다.

턱받이는 떨어지기 쉽다.

154

금빛비늘버섯
Pholiota adiposa

독청버섯과(포도버섯과)

식용버섯

갓 지름 4~15㎝ 자루 길이 5~10㎝ 시기 봄, 가을 장소 활엽수, 침엽수의 죽은 줄기나 가지, 그루터기 위

어린 버섯

기부가 크게 부푼다.

같은 속 다른 버섯에 비해 비늘이 크다.

검은비늘버섯에 비해 작은 다발을 이루거나 낱개로 발생한다.

성숙한 버섯

주름살은 백황색에서 갈색으로 변해 가고 간격은 촘촘하다.

155

꽈리비늘버섯(갈색밋밋한비늘버섯)

독청버섯과(포도버섯과)

Pholiota lubrica

식용버섯 · 약

갓 지름 5~10㎝ **자루 길이** 5~10㎝ **시기** 가을 **장소** 숲 속의 부엽토, 썩은 그루터기, 나무토막 위

어린 버섯

갓 가장자리에 흰색 비늘이 붙어 있다.

성장기의 버섯

성숙한 버섯

갓 표면은 가운데는 적갈색이고 가장자리는 색이 엷다.

주름살은 흰색에서 갈색으로 변해 가고 간격은 촘촘하다.

땅비늘버섯
Pholiota terrestris

갓 지름 2~6㎝ 자루 길이 3~8㎝ 시기 봄~가을 장소 숲 속, 길가, 공원 풀밭 등의 땅 위

어린 버섯. 갓 표면이 회갈색을 띤다.

생활 주변에서 흔하게 발생한다.

어린 버섯. 땅에서 발생하는 것이 특징이다.

갓 표면은 갈색 비늘로 덮여 있다.

갓 표면은 회갈색에서 황토색으로 점차 색이 옅어진다.

주름살은 연한 백황색에서 갈색으로 변해 가고 간격은 촘촘하다.

비늘버섯
Pholiota squarrosa

갓 지름 5~10㎝ **자루 길이** 5~12㎝ **시기** 가을 **장소** 침엽수, 활엽수림의 죽은 줄기, 그루터기, 땅에 묻힌 나무 위

어린 버섯

갓 표면에는 비늘이 무수히 덮여 있다.

주름살(자실층)을 보호하는 내피막이 오랫동안 붙어 있다.

주름살 간격은 촘촘하고, 턱받이는 연노란색 막질로 떨어지기 쉽다.

진노랑비늘버섯
Pholiota alnicola

갓 지름 2~6㎝ 자루 길이 4~11㎝ 시기 봄, 가을 장소 활엽수(주로 오리나무)의 그루터기, 땅에 묻힌 나무 위

어린 버섯은 노란다발버섯과 비슷하다.

성장기의 버섯

갓 가장자리에 흰색 내피막이 붙어 있다.

갓 표면은 노란색으로 매끄럽다.

자루 표면 위쪽은 노란색이고 아래쪽으로는 갈색이며 목질과 같다.

주름살은 연노란색에서 황갈색으로 변해 가고 간격은 약간 촘촘하다.

흰비늘버섯
Pholiota lenta

식용버섯

갓 지름 3~9㎝ 자루 길이 3~9㎝ 시기 가을 장소 침엽수림, 활엽수림 내의 땅 위, 썩은 나무 위

갓 표면은 백갈색을 띠고, 가장자리에는 흰색 내피막 조각이 있다.

어린 버섯

주로 깊은 산에서 발생한다.

주름살은 흰색에서 서서히 갈색으로 변해 가고 간격은 약간 촘촘하다.

노란갓비늘버섯
Pholiota spumosa

식독불명

갓 지름 3~7㎝ 자루 길이 3~8㎝ 시기 여름~초겨울 장소 숲 속의 부엽토, 썩은 그루터기, 땅에 묻힌 나무 위

갓 표면 가운데는 황갈색을 띠고 가장자리는 연노란색을 띤다.

주름살은 연한 백황색에서 갈색으로 변해 가고 간격은 촘촘하다.

노란귀버섯
Crepidotus sulphurinus

땀버섯과
식독불명

갓 지름 0.5~3㎝ 자루 길이 매우 짧거나 없음 시기 여름 장소 활엽수(등나무)의 죽은 가지 위

주름살 간격은 약간 촘촘하다.

전체가 노란색이며 기부는 거친 털로 덮여 있다.

노루털귀버섯(노루귀버섯)
Crepidotus badiofloccosus

땀버섯과
식독불명

갓 지름 1~5㎝ 자루 길이 없거나 매우 짧음 시기 초여름~가을 장소 활엽수의 죽은 가지 위

기부는 백황색 솜털로 덮여 있다.

어린버섯

갓 표면은 두터운 갈색 털로 덮여 있다.

주름살 간격은 촘촘하다.

주걱귀버섯
Crepidotus cesatii

갓 지름 0.5~1.7㎝ 자루 길이 거의 없음 시기 초여름~가을 장소 활엽수의 죽은 가지 위

기부는 부드러운 흰색 솜털로 넓게 덮여 있다.

어린 버섯

어린 버섯. 주름살 간격이 엉성하고 자루가 보인다.

주름살은 일찍 황갈색으로 변하고, 간격은 엉성하다.

보통 여러 개체가 무리를 이루어 발생한다.

갓 표면은 흰색에서 황갈색으로 변해 간다.

갓 표면은 미세한 흰색 털로, 기부는 조금 더 긴 솜털로 넓게 덮여 있다.

포자가 성숙하면서 주름살의 갈색이 짙어진다.

162

평평귀버섯
Crepidotus applanatus

갓 지름 1~5㎝ 자루 길이 없거나 매우 짧음 시기 여름 장소 활엽수의 죽은 가지 위

어린 버섯. 기부는 흰색 털로 덮인다.

갓 표면에 갈색 포자가 내려앉은 모습

갓 표면은 흰색으로 대체로 매끄럽다.

주름살 간격은 약간 촘촘하다.

163

요정버섯
Simocybe centunculus

갓 지름 1~2.5㎝ **자루 길이** 1.5~3㎝ **시기** 초여름~늦가을 **장소** 활엽수의 죽은 그루터기, 줄기 위

기부에는 흰색 균사가 있다.

습할 때는 어두운 녹갈색을 띠고 줄무늬도 나타난다.

갓 표면은 벨벳 같은 솜털로 덮여 있다.

주름살 간격은 엉성하다.

갓 지름 2~4㎝ 자루 길이 2.5~3.5㎝ 시기 여름 장소 활엽수림 내의 땅 위

어린 버섯

전체가 노란색을 띤다.

갓 표면 가운데에 섬유모양인 큰 돌출이 생기기도 한다.

기부는 둥글고 크게 부풀어 있다.

갓 표면은 방사모양에 섬유 같은 질감이다.

주름살 간격은 촘촘하다.

단발머리땀버섯
Inocybe cookei

갓 지름 2~4.5㎝ 자루 길이 2~6㎝ 시기 여름 장소 활엽수림, 침엽수림 내의 땅 위

어린 버섯

성숙한 버섯

갓 표면은 황갈색이다.

갓 표면은 가늘게 갈라지며 섬유모양이다.

Scale:10.000um

기부는 크게 부풀어 있고, 주름살 간격은 약간 촘촘
하다.

포자 크기 7.6~9.5×4.5~5.5㎛

166

땀버섯아재비
Inocybe praetervisa

갓 지름 3~6㎝ 자루 길이 3~8㎝ 시기 초여름~가을(6~9월) 장소 활엽수림, 침엽수림 내의 땅 위

어린 버섯

어린 버섯

기부는 크게 부풀어 있다.

포자 크기 8.5~11×6~8㎛

Scale:10.000um

갓 표면은 황갈색에 섬유모양이고 성장하면서 크게 찢어진다.

주름살은 흰색에서 갈색으로 변하며, 간격은 약간 촘촘하다.

바늘땀버섯
Inocybe calospora

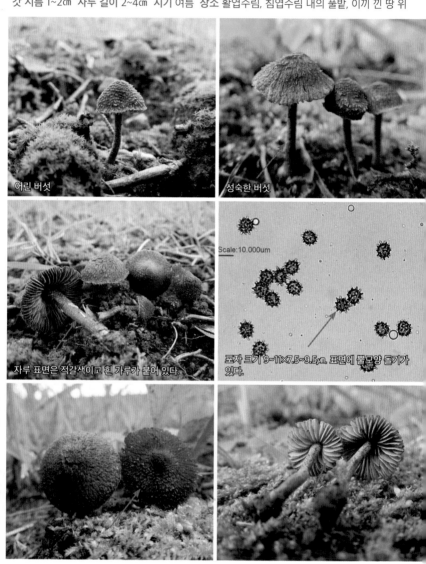

땀버섯과

독버섯

갓 지름 1~2㎝ 자루 길이 2~4㎝ 시기 여름 장소 활엽수림, 침엽수림 내의 풀밭, 이끼 낀 땅 위

어린 버섯

성숙한 버섯

자루 표면은 적갈색이고 흰 가루가 붙어 있다.

Scale:10.000um

포자 크기 9~11×7.5~9.5㎛. 표면에 뿔모양 돌기가 있다.

갓 표면은 섬유모양이고 거칠게 갈라진다.

주름살 간격은 엉성하다.

168

백색꼭지땀버섯
Inocybe albodisca

갓 지름 1.5~3.5㎝ 자루 길이 2.5~5㎝ 시기 여름 장소 활엽수림, 침엽수림 내의 땅 위

어린 버섯

성숙한 버섯

어린 버섯

공원에서도 발생한다.

기부는 부풀어 있다.

갓 가운데가 흰색을 띤다.

주름살 간격은 약간 엉성하다.

비듬땀버섯
Inocybe lacera

갓 지름 1~4㎝ 자루 길이 2~6㎝ 시기 봄~가을 장소 활엽수림, 침엽수림, 길가, 관목 주변의 모래땅 위

어린 버섯. 주로 침엽수림 내 모래땅에서 발생한다.

성숙한 버섯

갓 표면은 황토색 섬유로 덮여 있다.

갓 표면은 황토색 섬유로 덮여 있다.

주름살 간격은 약간 엉성하다.

자루 위쪽은 밝은 색이다.

주름살은 오랫동안 흰색을 유지하다가 암갈색으로 변해
간다.

삿갓땀버섯
Inocybe asterospora

갓 지름 2~4㎝ **자루 길이** 2~4㎝ **시기** 여름 **장소** 활엽수림, 침엽수림 내의 땅 위

어린 버섯

성숙한 버섯

자루 표면은 연한 적갈색을 띤다.

갓 표면은 적갈색이고 매끄러우나 가늘게 갈라지면서 흰 속살이 드러난다.

주름살 간격은 약간 엉성하다.

171

센털땀버섯
Inocybe hirtella

갓 지름 1.5~3.5㎝ 자루 길이 2~4㎝ 시기 여름 장소 숲 속의 땅 위

어린 버섯

어린 버섯

성숙한 버섯

유기물이 많은 장소에서 발생한다.

갓 표면은 황갈색이고 섬유모양이다.

주름살 간격은 약간 엉성하다.

솔땀버섯
Inocybe rimosa

땀버섯과
독버섯

갓 지름 2~6.5㎝ 자루 길이 4~8㎝ 시기 여름~가을 장소 활엽수림, 숲 속, 길가 등의 땅 위

어린 버섯

어린 버섯

성숙한 버섯

주름살은 성숙하면 녹갈색을 띤다.

갓 표면은 황갈색이고 가늘게 갈라지며 가운데는
항상 돌출된다.

주름살 간격은 약간 촘촘하다.

애기비늘땀버섯
Inocybe nodulosospora

갓 지름 1.5~2㎝ 자루 길이 3~5㎝ 시기 여름 장소 공원, 풀밭 등의 이끼 사이, 활엽수림 내의 땅 우

어린 버섯

성숙한 버섯

이끼 사이에서도 발생한다.

갓 표면 가운데는 항상 돌출되어 있다.

갓 표면은 갈색을 띠고 다소 거친 털로 덮여 있다.

주름살 간격은 약간 촘촘하다.

애기흰땀버섯
Inocybe geophylla

갓 지름 1~3㎝ 자루 길이 2.5~5㎝ 시기 봄~가을 장소 활엽수림, 침엽수림 내의 땅 위

갓 표면은 흰색 섬유무늬로 갈라진다.

어린 버섯. 전체가 흰색을 띤다.

주름살 간격은 약간 촘촘하다.

젖은땀버섯
Inocybe paludinella

갓 지름 1~2.5㎝ 자루 길이 2.5~5.5㎝ 시기 여름 장소 숲 속의 습한 땅 위

연노란색 바탕에 흰색 섬유로 덮여 있다.

전체가 연한 백황색을 띤다.

주름살은 약간 엉성하다.

큰비늘땀버섯
Inocybe calamistrata

땀버섯과

독버섯

갓 지름 1~5㎝ 자루 길이 3~7㎝ 시기 여름~가을 장소 침엽수림 내의 땅 위

갓 표면은 거친 갈색 비늘로 덮여 있다.

침엽수림 내에서 발생한다.

기부는 푸른색을 띤다.

흰꼭지땀버섯
Inocybe acutata

땀버섯과

식독불명

갓 지름 0.5~1.5㎝ 자루 길이 4~8㎝ 시기 여름 장소 풀밭, 잔디밭, 활엽수림 내의 땅 위

갓 가운데에 흰 꼭지가 있다.

털실땀버섯
Inocybe caesariata

갓 지름 2~3.5㎝ 자루 길이 1.5~4㎝ 시기 여름 장소 활엽수림, 침엽수림 내의 땅 위

어린 버섯

어린 버섯

성숙한 버섯

Scale:10.000um

포자 크기 8.5~11.5×4.5~5.8㎛

갓 표면은 황갈색 비늘로 덮이고 그 위에 흰 털실이 붙어 있다.

주름살 간격은 약간 촘촘하다.

Tubaria conspersa
국내 미기록종

땀버섯과
식독불명

갓 지름 0.8~2.5㎝ 자루 길이 3~5㎝ 시기 가을 장소 활엽수의 썩은 나무나 낙엽, 톱밥 더미 위

갓 표면과 가장자리에 흰색 솜털이 테두
늬로 덮여 있다.

어린 버섯. 자루 표면은 흰색 솜털로 덮여 있다.

주름살 간격은 엉성하다.

털개암버섯(수원까마귀버섯)
Flammulaster erinaceellus

땀버섯과
식독불명

갓 지름 1~4㎝ 자루 길이 2.5~6㎝ 시기 봄~가을 장소 활엽수의 썩은 나무 위

어린 버섯

자루 표면과 갓 표면은 가시 내지는 알갱이모양 비늘로 덮인다.

주름살 간격은 촘촘하다.

덧붙이버섯
Asterophora lycoperdoides

만가닥버섯과
식독불명

갓 지름 0.5~2.2㎝ 자루 길이 0.5~6㎝ 시기 여름 장소 무당버섯과의 늙은 버섯(특히 절구무당, 애기무당) 위

절구무당버섯 위에서 발생했다.

갓은 흰색에서 황갈색 후막포자로 변한다.

주름살 간격은 엉성하다.

남빛밤버섯
Calocybe ionides

만가닥버섯과
식용버섯

갓 지름 2~4.5㎝ 자루 길이 3~5㎝ 시기 가을 장소 숲 속의 부엽토 위

자루 표면은 갓 표면보다 조금 진하다.

갓 표면은 회색빛이 도는 연보라색이다.

주름살 간격은 약간 촘촘하다.

분홍밤버섯
Calocybe carnea

만가닥버섯과

식용버섯

갓 지름 1.5~4㎝ 자루 길이 3~5㎝ 시기 가을 장소 숲 속, 풀밭, 목장, 길가 등의 땅 위

갓 가장자리는 오랫동안 안으로 말려 있다.

갓 표면은 분홍색이고, 미세한 털로 덮여 있다가 나중에는 매끄러워진다.

자루 표면은 갓 표면과 거의 색이 같다.

주름살 간격은 촘촘하다.

느티만가닥버섯
Hypsizygus marmoreus

갓 지름 4.5~14㎝ 자루 길이 3~10㎝ 시기 가을 장소 활엽수의 죽은 줄기나 살아 있는 나무의 썩은 부분 위

깊은 산속의 죽은 활엽수에서 발생한다.

갓 표면에 특유의 물방울무늬가 있다.

땅찌만가닥버섯
Lyophyllum shimeji

갓 지름 2~8㎝ 자루 길이 3~8㎝ 시기 가을(10월 중) 장소 소나무와 참나무가 함께 자라는 혼합림 내의 땅 위

여러 개체가 다발로 발생한다.

갓 표면은 성숙하면서 회갈색~연한 회갈색으로 변해 간다.

어릴 때 갓 표면은 짙은 회갈색이고 붓으로 그은 듯한 무늬가 있다.

만가닥버섯(변색만가닥버섯)
Lyophyllum leucophaeatum

만가닥버섯과
식용버섯

갓 지름 6~10㎝ 자루 길이 5~10㎝ 시기 가을 장소 깊은 산속의 유기물이 많은 땅 위

갓 표면은 가는 털로 덮여 있다.

주름살 간격은 촘촘하고 상처가 나면 검게 변한다.

연기색만가닥버섯
Lyophyllum fumosum

만가닥버섯과
식용버섯

갓 지름 2~5㎝ 자루 길이 3~6㎝ 시기 늦은 여름~초가을 장소 깊은 산 혼합림 내의 땅 위

어린 버섯

전체가 연한 회색을 띤다.

만가닥버섯속 중에서 가닥 수가 가장 많다.

모래꽃만가닥버섯
Lyophyllum semitale

갓 지름 3~6㎝ 자루 길이 3~7㎝ 시기 가을 장소 혼합림 내의 땅 위

어린 버섯

어릴 때 갓 표면은 약간 거칠다.

상처가 나면 검게 변한다.

갓 표면은 점차 매끄러워지고 마르면 윤기가 돈다.

기부에는 거친 흰색 균사가 있다.

잿빛만가닥버섯
Lyophyllum decastes

갓 지름 4~9㎝ 자루 길이 5~8㎝ 시기 봄, 가을 장소 숲 속, 정원, 길가, 풀밭 등의 땅 위

풀밭, 유기물이 많은 장소, 땅에 묻힌 나무에서 발생한다.

한 장소에서 대량으로 발생한다.

어릴 때 갓 표면에 흰색 솜털이 덮여 있다.

성숙하면 갓 표면은 매끄러워지고 윤기가 약간 돈다.

자루는 방망이모양이고 어릴 때는 매우 질기다.

주름살 간격은 매우 촘촘하다.

흰주름만가닥버섯(밀만가닥버섯)

Lyophyllum connatum

갓 지름 4~8㎝ 자루 길이 3~10㎝ 시기 늦은 여름~초가을 장소 활엽수림, 침엽수림 내의 땅 위

어린 버섯

10개 내외 다발로 발생한다.

갓 표면 가운데는 회색을 띠거나 약간 진하다.

갓 표면 가장자리에는 짧은 주름이 잡힐 때도 있다.

주름살 간격은 매우 촘촘하다.

밀가루 냄새가 난다.

갓 지름 1~5㎝ 자루 길이 4~5㎝ 시기 여름~가을 장소 숲 속의 이끼 사이나 땅 위

어린 버섯

갓 표면은 가는 가시 같은 돌기로 덮여 있다.

주름살 간격은 매우 엉성하다.

꽃버섯
Hygrocybe conica

벚꽃버섯과
식독불명

갓 지름 1.5~4㎝ 자루 길이 4~10㎝ 시기 여름~가을 장소 풀밭, 길가, 숲 속, 대나무숲의 땅 위

어린 버섯

생활 주변에서도 발생한다.

갓은 항상 원뿔모양이다.

깊은 산의 숲 속에서도 발생한다.

성숙하면서 점차 노란색과 검은색이 많아진다.

오래되면 전체가 검은색으로 변한다.

Hygrocybe glutinipes
국내 미기록종

벚꽃버섯과
식독불명

갓 지름 0.5~2.5㎝ **자루 길이** 1.5~4㎝ **시기** 여름~가을 **장소** 이끼, 풀밭 사이의 땅 위

어린 버섯

성숙한 버섯. 성숙하면서 점차 노란색으로 변해 간다.

습할 때는 매우 끈적거린다.

깊은 산 이끼 사이에서 발생한다.

주름살 간격은 엉성하다.

끈적노랑꽃버섯
Hygrocybe chlorophana

갓 지름 1.5~4㎝ 자루 길이 2~5㎝ 시기 여름~가을 장소 풀밭, 활엽수림 내의 땅 위

어린 버섯

성숙한 버섯

어릴 때 갓 표면은 오렌지색이었다가 점차 레몬색
으로 변해 간다.

주름살은 자루의 홈 팬 곳에 붙은 모양이고, 간격은
약간 엉성하다.

189

노랑꽃버섯
Hygrocybe vitellina

갓 지름 1~2㎝ **자루 길이** 2~4㎝ **시기** 여름~가을 **장소** 숲 속의 이끼 사이나 부엽토 위

갓 표면은 가운데가 오목하게 들어간다

숲 속의 부엽토 위에서 발생했다.

주름살은 자루에 내려 붙은 모양이고, 간격은 엉성하다.

방사꽃버섯
Cortinarius melanotus

갓 지름 1~3㎝ **자루 길이** 2~5㎝ **시기** 여름 **장소** 잔디밭, 풀밭 내의 땅 위

갓 표면에는 방사상 줄무늬가 나타난다

잔디밭 이끼 사이에서 발생했다.

주름살은 자루에 길게 내려 붙은 모양이고, 간격은 엉성하다.

진빨간꽃버섯아재비(황색형)

Hygrocybe coccineocrenata (=*Hygrocybe turunda* var. *sphagnophila*)

갓 지름 1~2㎝ 자루 길이 2~5㎝ 시기 여름~가을 장소 습한 장소의 물이끼 사이

어린 버섯. 오렌지색을 띤다.

성숙한 버섯. 진한 노란색으로 변해 간다.

갓 표면에는 가는 비늘이 붙어 있고 가운데가 오목해진다.

주름살 간격은 매우 엉성하다.

진빨간꽃버섯아재비
Hygrocybe coccineocrenata

갓 지름 1~2㎝ 자루 길이 2~5㎝ 시기 여름~가을 장소 습한 장소의 물이끼 사이

어린 버섯

이끼 사이에서 발생한다.

주름살 간격은 매우 엉성하다.

가운데는 색이 조금 짙고, 붉은색에서 오렌지색으로 변해 간다.

갓 표면은 가는 섬유모양 인편으로 덮여 있다.

갓 지름 2~4㎝ 자루 길이 3~6㎝ 시기 여름~가을 장소 잔디밭, 풀밭 내의 땅 위

어린 버섯

성장기의 버섯

버섯에서 불쾌한 냄새가 난다.

주름살 간격은 엉성하다.

갓 표면은 회황갈색을 띠고 색이 진한 줄무늬가 있다.

자루 속은 비어 있고 갓 꼭대기까지 뚫려 있다.

화병꽃버섯
Hygrocybe cantharellus

갓 지름 1~3.5㎝ 자루 길이 3~5㎝ 시기 여름(7월)~가을(9월) 장소 침엽수림, 혼합림 내의 땅 위, 물이끼 사이

주로 침엽수림에서 볼 수 있다.

어린 버섯

붉은색에서 오렌지색으로 변해 가지만 노란색을 띠는 종도 있다.

갓 표면은 가는 섬유모양 인편으로 덮이고, 전면이 같은 색이다.

자루 표면은 매끄럽다.

주름살은 자루에 내려 붙은 모양이고, 간격은 엉성하다.

이끼꽃버섯
Gliophorus psittacinus

벚꽃버섯과

독버섯

갓 지름 1~4㎝ 자루 길이 3~6㎝ 시기 여름~늦가을 장소 풀밭 이끼 사이

어릴 때는 녹색을 띠다가 점차 오렌지색, 노란색, 흰색이 많아진다.

주름살은 녹색, 노란색을 띤 녹색, 오렌지 빛이 도는 노란색 등으로 다양하게 나타난다.

깔때기연기버섯
Ampulloclitocybe avellaneialba

벚꽃버섯과

식독불명

갓 지름 5~20㎝ 자루 길이 5~18㎝ 시기 가을(9~11월) 장소 오리나무 종류, 침엽수의 썩은 그루터기 위

갓 표면 가장자리에는 방사상 줄무늬가 나타난다.

썩어 가는 침엽수의 죽은 그루터기 위에 발생했다.

주름살은 자루에 내려 붙은 모양이고, 간격은 엉성하다.

처녀버섯
Cuphophyllus pratensis

벚꽃버섯고

식용버섯

갓 지름 3~6㎝ 자루 길이 3~7㎝ 시기 가을 장소 풀밭, 잔디밭, 길가 등의 땅 위

갓 표면은 가운데가 오목하기도 하고 가장자리가 물결모양이기도 하다.

갓 표면은 매끄럽고 오렌지 빛이 도는 갈색에서 살색으로 변해 간다.

주름살 간격은 엉성하고, 자루는 기부 쪽으로 갈수록 가늘어진다.

흰색처녀버섯
Cuphophyllus virgineus

벚꽃버섯과

식용버섯

갓 지름 1.5~4.5㎝ 자루 길이 3~6㎝ 시기 가을 장소 풀밭, 잔디밭 내의 땅 위

갓 표면은 흰색 내지는 크림색, 가운데는 연노란색을 띠기도 한다.

주름살 간격은 엉성하고 자루는 기부 쪽으로 갈수록 가늘어진다.

끈적벚꽃버섯
Hygrophorus hypothejus

벚꽃버섯과
식용버섯

갓 지름 3~6㎝ 자루 길이 4~7㎝ 시기 늦가을~초겨울 장소 침엽수림(소나무, 곰솔나무) 내의 땅 위

갓 표면은 매끄럽고 녹갈색에서 녹황갈색으로 변해 간다.

따뜻한 한겨울 눈 덮인 소나무 아래에서 발생했다.

주름살 간격은 약간 엉성하다.

단심벚꽃버섯
Hygrophorus arbustivus

벚꽃버섯과
식용버섯

갓 지름 3~7㎝ 자루 길이 5~10㎝ 시기 여름~가을 장소 활엽수림, 혼합림 내의 땅 위

자루는 기부 쪽으로 갈수록 가늘어진다.

갓 표면은 연한 적갈색을 띠고 가장자리 쪽으로 갈수록 색이 연해진다.

주름살 간격은 약간 엉성하다.

노란털벚꽃버섯
Hygrophorus lucorum

갓 지름 3~4㎝ 자루 길이 5~6㎝ 시기 가을(9월 말~11월 초) 장소 침엽수림(주로 낙엽송림) 내의 습한 땅 위

어린 버섯

성장하는 버섯

일본잎갈나무숲에서 발생한다.

습할 때 갓 표면은 매우 끈적거리고 레몬색을 띤다.

주름살 간격은 엉성하다.

흑갈색벚꽃버섯(노란구름벚꽃버섯)
Hygrophorus camarophyllus

갓 지름 4~10㎝ 자루 길이 5~12㎝ 시기 늦여름~가을 장소 활엽수림, 침엽수림, 혼합림 내의 땅 위

주름살 간격은 엉성하다.

갓과 자루 표면은 색이 같다.

갓 표면은 청회갈색이고 미세한 섬유
무늬가 있으며 매끄럽다.

적갈색벚꽃버섯
Hygrophorus capreolarius

갓 지름 2~5㎝ 자루 길이 2~6㎝ 시기 가을 장소 침엽수림, 활엽수림(구슬잣밤나무속) 내의 땅 위

주름살 간격은 약간 엉성하다.

갓 표면은 진한 적갈색에서 포도주 같
은 붉은색으로 변해 간다.

다색벚꽃버섯
Hygrophorus russula

갓 지름 5~12㎝ 자루 길이 3~8㎝ 시기 늦여름~가을 장소 주로 소나무와 참나무의 혼합림, 활엽수림 내의 땅 위

어린 버섯

어린 버섯

성장기의 버섯. 각 개체마다 색의 명도나 채도가 다르다.

성숙한 버섯

갓 표면은 색이 일정치 않고 포도주 같은 붉은색과 흰색이 혼합된 색을 띤다.

주름살 간격은 촘촘하다.

보라벚꽃버섯
Hygrophorus purpurascens

갓 지름 6~12㎝ 자루 길이 3~10㎝ 시기 가을 장소 침엽수림(전나무, 가문비나무, 소나무) 내의
땅 위

성숙한 버섯

전나무숲에서 발생했다.

갓 표면 가운데에 섬유모양인 들러붙은 인편이 있다.

주름살 간격은 약간 엉성하다.

주름살은 흰색에서 포도주 같은 붉은색으로 변해 간다.

홍색벚꽃버섯(연분홍벚꽃버섯)
Hygrophorus pudorinus

벚꽃버섯과

식용버섯

갓 지름 3~10㎝ 자루 길이 3~8㎝ 시기 가을 장소 침엽수림(전나무, 가문비나무) 내의 땅 위

어린 버섯

성숙한 버섯

어릴 때 갓 가장자리는 아래로 말려 있다.

전나무 주변에 무리를 이루어 발생했다.

갓 표면은 분홍빛이 도는 살색을 띤다.

주름살 간격은 약간 촘촘하거나 촘촘하다.

뽕나무버섯
Armillaria mellea

갓 지름 4~12㎝ 자루 길이 4~15㎝ 시기 봄~가을(주로 9월 중) 장소 활엽수, 침엽수의 그루터기,
줄기 및 가지, 살아 있는 나무의 밑동 등

어린 버섯

전체적으로 황갈색을 띤다.

자루 표면은 갈색이고 노란색 비늘로 덮여 있다.

습할 때는 갓 표면 가장자리에 줄무늬가 나타난다.

갓 표면은 황갈색 바탕에 노란색 비늘로, 가운데는
암갈색 비늘로 덮여 있다.

주름살 간격은 약간 촘촘하고 턱받이는 백황색 막질
이다.

203

잣뽕나무버섯(조개뽕나무버섯)
Armillaria ostoyae

갓 지름 3~13㎝ 자루 길이 5~16㎝ 시기 여름~가을 장소 침엽수, 활엽수의 그루터기, 줄기, 가지,
살아 있는 나무의 밑동

어린 버섯

성숙한 버섯

전체적으로 갈색을 띤다.

주로 침엽수에서 발생한다.

갓 표면은 갈색이고 암갈색 비늘로 덮여 있다.

턱받이는 흰색이고, 턱받이 아랫면에 갈색 인편이 붙어
있다.

뽕나무버섯붙이
Armillaria tabescens

갓 지름 4~6㎝ 자루 길이 5~8㎝ 시기 여름~가을 장소 활엽수의 그루터기, 죽은 줄기, 살아 있는 밑동

어린 버섯

어린 버섯

주로 참나무에서 발생한다.

성숙한 버섯. 참나무 밑동에서 발생했다.

갓 표면 가운데는 가는 갈색 인편이 밀집되어 있다.

주름살 간격은 약간 촘촘하고, 턱받이가 없다.

민뽕나무버섯
Armillaria cepistipes

갓 지름 4~12㎝ 자루 길이 4~10㎝ 시기 여름~가을 장소 활엽수의 그루터기, 썩은 줄기 및 가지

갓 표면은 가운데는 진하고, 인편이 없어 대체로 매끄럽다.

땅에 묻힌 나무에서 발생했다.

주름살 간격은 촘촘하고, 자루 위쪽에 떨어지기 쉬운 흰색 턱받이가 있다.

등색가시비녀버섯
Cyptotrama asprata

갓 지름 1~3㎝ 자루 길이 1.5~5㎝ 시기 초여름~여름 장소 활엽수의 죽은 줄기 및 가지

주름살은 흰색이고, 간격은 엉성하다.

어린 버섯

갓 표면은 오렌지색에 가시모양인 비늘로 덮여 있다.

긴꼬리버섯(민긴뿌리버섯)

Hymenopellis radicata

뽕나무버섯과

식용버섯 · 약

갓 지름 3~10㎝ 자루 길이 5~12㎝ 뿌리 길이 3~35㎝ 시기 가을 장소 활엽수림, 침엽수림 내의 땅 위

어린 버섯은 갓 표면이 짙은 갈색이다.

성숙한 버섯

어릴 때 갓 표면은 벨벳 같은 솜털로 덮여 있다.

갓 표면은 보통 전면이 주름져 있다.

자루 아래로 긴 뿌리가 있다.

주름살 간격은 약간 엉성하다.

갈색날민뿌리버섯(갈색날끈끈이버섯)

Oudemansiella brunneomarginata

뽕나무버섯과
식용버섯

갓 지름 3~15㎝ 자루 길이 4~10㎝ 시기 가을 장소 깊은 산속 활엽수의 죽은 줄기나 가지 위

갓 표면은 매끄러우나 주름이 생긴다.

자루 표면은 자갈색 인편으로 덮여 있다.

주름살 간격은 엉성하고, 주름살 날에 검은 선이 있다.

끈적민뿌리버섯(끈적끈끈이버섯)

Oudemansiella mucida

뽕나무버섯과
식용버섯 · 약

갓 지름 3~8㎝ 자루 길이 3~7㎝ 시기 여름~가을 장소 활엽수의 죽은 줄기나 가지 위

갓 표면은 매우 끈적거린다.

어릴 때 갓 표면은 회갈색이었다가 점차 흰색으로 변해 간다.

주름살 간격은 엉성하고, 자루에 흰색이고 막질인 턱받이가 있다.

털긴뿌리버섯(뿌리버섯)
Xerula pudens

뽕나무버섯과
식용버섯

갓 지름 1.5~6㎝ 자루 길이 6~20㎝ 시기 여름~가을 장소 주로 활엽수림 내의 땅 위에 홀로 자람

뿌리가 길다.

주름살 간격은 엉성하고, 갓과 자루 표면이 갈색 털로 덮여 있다.

털낙엽버섯
Cryptomarasmius minutus

뽕나무버섯과
식독불명

갓 지름 0.1~2㎜ 자루 길이 5~15㎜ 시기 여름 장소 활엽수림 내 그늘진 곳의 축축한 낙엽 위

수수꽃다리 낙엽 위에서 발생했다.

너무 작아서 털처럼 보인다.

주름살 간격은 매우 엉성하고 주름살이 없는 것도 있다.

팽나무버섯(팽이버섯)
Flammulina velutipes

갓 지름 2~6㎝ 자루 길이 3~6㎝ 시기 늦가을~봄 장소 활엽수의 죽은 줄기나 가지 위

어린 버섯

갓 표면은 황갈색이고, 끈적거린다.

여러 종류 활엽수에서 발생한다.

눈 내리는 겨울에도 발생하는 한랭성 버섯이다.

주름살 간격은 촘촘하다.

자루 표면은 벨벳 같은 갈색 털로 덮여 있다.

맛솔방울버섯(작은맛솔방울버섯)
Strobilurus stephanocystis

갓 지름 1.5~3㎝ 자루 길이 4~6㎝ 기부 길이 4~8㎝ 시기 늦가을~초겨울 장소 침엽수림 내에 묻힌 솔방울 위

땅에 묻혀 있던 솔방울

갓 표면은 회갈색을 띤다.

습할 때는 갓 표면 가장자리에 줄무늬가 생긴다.

땅에 묻힌 솔방울에서 발생한다.

주름살 간격은 약간 촘촘하다.

소똥버섯(그물소똥버섯)
Bolbitius titubans var. *olivaceus*

갓 지름 3~6㎝ 자루 길이 5~11㎝ 시기 봄~가을 장소 톱밥 더미, 두엄 더미, 짚 더미, 말똥 위

어린 버섯

어린 버섯. 갓 표면에 큰 그물모양 주름이 잡히기도 한다.

어릴 때 갓 표면은 노란색에서 녹황색으로 변하며 색이 점점 짙어진다.

습할 때는 갓 표면 가장자리에 선이 나타난다.

어릴 때 주름살은 흰색이었다가 점차 적갈색으로 변해 간다.

주름살 간격은 촘촘하다.

212

소똥버섯(노란소똥버섯)

Bolbitius titubans var. *titubans*

갓 지름 1~4㎝ 자루 길이 4~10㎝ 시기 봄~가을 장소 두엄 더미, 가축의 똥, 짚 더미, 풀밭, 숲 속의 부식질 등

어린 버섯

갓 표면은 노란색을 띠고 가장자리에 홈이 팬 선이 있다.

성숙한 버섯

자루 표면은 연한 녹황색을 띤다.

주름살 간격은 촘촘하다.

그물소똥버섯
Bolbitius reticulatus

갓 지름 2~5㎝ 자루 길이 3~5㎝ 시기 초여름~가을 장소 활엽수의 썩은 나무 위나 그 주변

주로 썩은 나무 위에 발생한다.

갓 표면은 회자색을 띠고 가운데는 색이 더 짙으며, 큰 그물모양 주름이 잡히기도 하고 매끄럽기도 하다.

습할 때 갓 표면은 매우 끈적거린다.

어릴 때 주름살은 흰색이었다가 점차 적갈색으로 변해 간다.

주름살 간격은 촘촘하다.

노란종버섯
Conocybe apala

소똥버섯과
식독불명

갓 지름 3~4.5㎝ 자루 길이 8~13㎝ 시기 초여름~가을 장소 길가, 목초지, 보리밭, 잔디밭 등

자루는 매우 길고 연약해서 부러지기 쉽다.

주름살 간격은 촘촘하고, 폭이 좁다.

갓 표면은 크림색이며, 건조하고 부드러운 짧은 털로 덮여 있다.

도토리종버섯
Conocybe fragilis

소똥버섯과
식독불명

갓 지름 0.5~2㎝ 자루 길이 2~6㎝ 시기 늦은 봄~가을 장소 밭, 정원, 길가 등 유기물이 있는 땅 위

습할 때 갓 표면 가장자리에 선이 나타난다.

어린 버섯. 전체가 자줏빛이 도는 붉은색을 띤다.

성숙하면서 갈색으로 변해 간다.

종버섯
Conocybe tenera

소똥버섯과

식독불명

갓 지름 1~3.5㎝ 자루 길이 4~8㎝ 시기 초여름~가을 장소 길가, 목초지, 유기물이 있는 밭, 잔디밭 등

어린 버섯

성숙한 버섯도 갓이 완전히 펴지지 않는다.

습할 때 갓 표면에 줄무늬가 나타난다.

버섯이 가늘파 갓 표면은 금방 마른다.

주름살은 연한 백황색에서 갈색으로 변해 간다.

주름살 간격은 약간 촘촘하다.

큰머리종버섯
Conocybe juniana

갓 지름 1~3.5㎝ 자루 길이 3~7㎝ 시기 봄~가을 장소 길가, 목초지, 풀밭 등

어린 버섯. 자루 표면은 황금색을 띤다.

갓은 보통 성숙하면서 찌그러진다.

종버섯에 비해 갓이 크고 가장자리가 살짝 치켜 올라 갈 때가 많다.

갓 표면이 말라 칸다.

주름살은 옅은 백황색에서 갈색으로 변해 가고 간격은 약간 촘촘하다.

턱받이종버섯
Conocybe filaris

소똥버섯과

독버섯

갓 지름 0.6~2㎝ 자루 길이 2~3.5㎝ 시기 봄~가을 장소 정원, 공원, 임도 등의 부식질이 많은 땅 위

자루에 턱받이가 있다.

그물코버섯
Porodisculus pendulus

소혀버섯과

식독불명

갓 지름 0.2~0.5㎝ 자루 길이 0.5~1㎝ 시기 봄, 가을 장소 주로 활엽수(참나무)의 죽은 가지 위

죽은 참나무 줄기 위에 발생했다.

매우 작은 버섯으로 사람 코를 닮았다.

포자가 형성되는 자실층은 관공으로 되어 있다.

귀느타리(노란귀느타리)
Phyllotopsis nidulans

갓 지름 2~7㎝ 자루 길이 자루 없음 시기 가을~초겨울 장소 활엽수, 침엽수의 죽은 그루터기, 줄기, 가지 위

갓 표면은 백황색에서 노란색으로 변해 가고 털로 덮여 있다.

주름살 간격은 촘촘하다.

오목꿀버섯(작은겨자버섯)
Callistosporium luteoolivaceum

갓 지름 1~2㎝ 자루 길이 2~6㎝ 시기 여름~가을 장소 침엽수의 그루터기, 썩은 나뭇가지, 부엽토 위

갓 표면은 녹갈색이고 매끄러우며 가운데가 오목해진다.

썩어 가는 침엽수에서 발생했다.

주름살은 노란색이고, 간격은 약간 촘촘하다.

갓 지름 5~15cm **자루 길이** 10~15cm **시기** 여름~가을 **장소** 활엽수의 그루터기, 땅에 묻힌 나무 위 **기타** 속 변경

어린 버섯

어릴 때 갓은 둥근 산모양이다가 점점 편평해진다.

갓 표면 가장자리에 짧은 주름이 있다.

자루는 아래쪽으로 굵어지는 방망이모양이다.

주름살 간격은 매우 촘촘하다.

깔때기버섯
Clitocybe gibba

갓 지름 2~10㎝ 자루 길이 2.5~5㎝ 시기 여름~가을 장소 침엽수림, 활엽수림 내의 낙엽 및 부엽토 위

어린 버섯

성숙한 버섯

어릴 때 갓 표면은 황갈색이었다가 점차 적갈색으로 변한 후 퇴색한다.

자루 아래쪽에 흰색 솜털이 있다.

주름살은 자루에 내려 붙은 모양이고, 간격은 촘촘하다.

민깔때기버섯
Clitocybe obsoleta

갓 지름 2~5㎝ 자루 길이 3~7㎝ 시기 여름~가을 장소 활엽수림, 침엽수림 내의 부엽토 위

어릴 때는 베이지색이 도는 갈색을 띤다.

어린 버섯

성숙하면서 갓 표면은 크림색을 띠고 가운데는 짙은 색이다.

성숙하면서 갓 표면은 가운데가 오목하게 들어간다.

주름살 간격은 촘촘하다.

비단털깔때기버섯

송이과

Clitocybe alboinfundibuliformis (=*Singerocybe alboinfundibuliformis*) 식독불명

갓 지름 1.5~4㎝ 자루 길이 1~3㎝ 시기 여름~가을 장소 활엽수림 내의 부엽토, 낙엽 위

어린 버섯

어린 버섯

습할 때 갓 표면은 크림색이고 줄무늬가 나타난다.

건조할 때

마르면 갓 표면은 흰색으로 변하고 투박해진다.

주름살 간격은 엉성하고 주름살 사이가 잔주름으로 이어져 있다.

하늘색깔때기버섯
Clitocybe odora

식용버섯 · 약

갓 지름 3~8㎝ 자루 길이 3~8㎝ 시기 가을 장소 활엽수림, 침엽수림 내의 낙엽이나 부엽토 위

어린 버섯은 청록색을 띤다.

성숙한 버섯

어릴 때 갓 표면은 청록색을 띤다.

오래되면 갓 표면은 점차 퇴색한다.

주름살은 자루에 내려 붙은 모양이다.

주름살 간격은 촘촘하다.

회색깔때기버섯
Clitocybe nebularis

송이과

식용버섯 · 약 · 독

갓 지름 6~15㎝ 자루 길이 4~8㎝ 시기 가을(10월~11월 중순) 장소 활엽수림, 침엽수림 내의 낙엽이나 부엽토 위

어린 버섯

대량 발생하고 향기가 강하다.

갓 표면은 회색에서 회백색으로 변해 간다.

기부는 크게 부풀어 있다.

주름살 간격은 매우 촘촘하다.

흰털깔때기버섯(임시명)

Clitocybe sp.

송이과

식독불명

갓 지름 4~12㎝ **자루 길이** 5~10㎝ **시기** 여름~가을 **장소** 활엽수림, 침엽수림 내의 낙엽이나 부엽토 우

어린 버섯

갓 표면은 짧은 털이 있어 약간 거칠다.

발생량이 매우 많다.

갓 표면에 분명한 테무늬가 있다.

주름살 간격은 촘촘하다.

꽃귀버섯(주름고약버섯)
Plicaturopsis crispa

송이과
식독불명

갓 지름 1~2㎝ **자루 길이** 자루가 없거나 매우 짧음 **시기** 여름~초겨울 **장소** 참나무, 물박달나무 등 활엽수의 죽은 줄기나 가지 위

주름살에 맥모양 주름이 잡혀 있다.

깊은 산속의 죽은 활엽수에서 발생한다.

갓 표면은 황갈색이고 미세한 털로 덮여 있다.

유리버섯
Delicatula integrella

송이과
식독불명

갓 지름 0.3~1.2㎝ **자루 길이** 1~2.5㎝ **시기** 여름 **장소** 썩은 나무의 그루터기나 식물체의 잔존물, 토양 등

주름살 간격은 매우 엉성하다.

유기물이 많은 땅 위에 발생했다.

갓 표면 가운데가 배꼽모양으로 들어간다.

꽃무늬애버섯
Resupinatus applicatus

송이과

식독불명

갓 지름 0.4~1.2㎝ 자루 길이 자루 없음 시기 여름~가을 장소 활엽수, 침엽수의 죽은 가지 위

갓 표면

어릴 때는 원 모양으로 자라다가 점차 한쪽으로 치우쳐 자란다.

갓 표면은 진한 회색에 융털로 덮여 있고 기주 쪽은 긴 털로 덮여 있다.

주름살 간격은 약간 엉성하다.

Resupinatus merulioides
국내 미기록종

갓 지름 0.5~1.5㎝ **자루 길이** 자루 없음 **시기** 초여름~가을 **장소** 활엽수, 침엽수의 죽은 가지나 줄기 위

갓 표면은 매끄럽고 회색을 띤다.

주름살은 서로 연결된 망사모양 내지는 맥모양이다.

쥐털꽃무늬애버섯
Resupinatus trichotis

갓 지름 0.5~1.2㎝ **자루 길이** 자루 없음 **시기** 봄~가을 **장소** 활엽수, 침엽수의 죽은 가지나 줄기 위

갓 표면 기부쪽은 흑갈색 털로 덮여 있다.

전체적으로 꽃무늬애버섯보다 두텁고 기부에 털도 많다.

주름살 간격은 엉성하고 기부에서 방사상으로 배열된다.

배꼽버섯(잔디배꼽버섯)

송이과

Melanoleuca melaleuca

식용버섯 · 약

갓 지름 4~7㎝ **자루 길이** 4~8㎝ **시기** 초여름~가을 **장소** 등산로, 길가, 풀밭, 잔디밭, 정원, 공원 등

어린 버섯

성장기의 버섯

성숙한 버섯. 갓 가운데가 볼록하다.

갓 표면은 흑회색에서 회갈색으로 변해 간다.

자루 표면은 갓과 색이 같다.

주름살은 흰색이고, 간격은 촘촘하다.

모래배꼽버섯(흑얼룩배꼽버섯)
Melanoleuca verrucipes

송이과
식용버섯

갓 지름 2.5~5㎝ 자루 길이 3~9㎝ 시기 늦은 봄~가을 장소 숲 속, 과수원, 풀밭, 공원 등의 유기물이 많은 장소 위

갓 표면 가운데에 작은 돌출이 있다.

주로 유기물이 많은 부엽토에서 발생한다.

자루 표면은 작고 흑갈색인 점모양 인편으로 덮여 있다.

불꽃솔버섯
Tricholomopsis flammula

송이과
식독불명

갓 지름 1.5~5㎝ 자루 길이 1.5~5㎝ 시기 봄~가을 장소 침엽수의 썩은 그루터기, 가지 위

갓 표면은 적갈색 털로 덮여 있다.

주름살은 자루에 짧게 내려 붙은 모양이고, 간격은 촘촘하다.

솔버섯
Tricholomopsis rutilans

갓 지름 5~15㎝ 자루 길이 4~10㎝ 시기 여름~가을 장소 침엽수의 그루터기나 썩은 나무 위

어린 버섯

성장기의 버섯

갓 표면은 가늘고 분홍빛이 도는 붉은색인 인편으로 덮여 있다.

썩은 침엽수에서 발생한다.

자루 표면은 갓과 같은 색이거나 약간 색이 옅다.

주름살은 연노란색이고 간격은 매우 촘촘하다.

장식솔버섯
Tricholomopsis decora

송이과

식용버섯

갓 지름 3~5㎝ 자루 길이 3~6㎝ 시기 초여름~가을 장소 침엽수의 그루터기나 썩은 나무 위

어린 버섯

어린 버섯의 갓 표면. 가운데는 흑갈색을 띤다.

자루 표면에 가는 흑갈색 인편이 붙어 있다.

갓 표면은 가는 흑갈색 섬유모양 인편으로 덮여 있다.   주름살은 노란색이고 간격은 촘촘하다.

광릉자주방망이버섯
Lepista irina

갓 지름 5~12㎝ **자루 길이** 6~12㎝ **시기** 가을 **장소** 숲 속, 밭, 과수원, 목장 내의 부엽토나 땅 위

어린 버섯

갓 표면은 매끄럽고 크림색이다.

자루는 대체로 곧게 자라고 표면은 갓과 색이 같거나 엷다.

주름살은 자루에서 살짝 올려 붙은 모양이고, 간격은 촘촘하다.

백청색자주방망이버섯

Lepista glaucocana

송이과

식용버섯

갓 지름 5~15㎝ 자루 길이 5~8㎝ 시기 늦여름~가을 장소 숲 속의 두터운 낙엽 더미, 부엽토

어린 버섯

성숙한 버섯

어릴 때 갓 표면은 연한 자주색이었다가 크림색으로 변해 간다.

주름살 간격은 촘촘하다.

어릴 때 주름살은 연한 자주색이었다가 크림색으로 변해 간다.

민자주방망이버섯

Lepista nuda

갓 지름 6~10㎝ **자루 길이** 4~8㎝ **시기** 가을 **장소** 활엽수림, 침엽수림 내의 낙엽 더미, 부엽토 위

어린 버섯

낙엽 더미 위에서 발생한다.

무리를 이루어 발생한다.

갓 표면은 자주색에서 점차 색이 바래고 가운데는 갈색이 짙어진다.

주름살은 보라색이고, 간격은 촘촘하다.

자주방망이버섯아재비
Lepista sordida

갓 지름 4~7㎝ 자루 길이 3~8㎝ 시기 여름~가을 장소 유기물이 많은 밭, 길가, 풀밭, 쓰레기 버린 곳, 잔디밭, 대나무숲 등

무리를 이루어 발생한다.

갓 표면은 자주색~연한 자주색에서 흰색으로 변해 간다.

주름살 간격은 약간 촘촘하거나 약간 엉성하다.

대나무숲에서도 발생한다.

크림자주방망이버섯
Lepista ricekii

갓 지름 4~12㎝ **자루 길이** 5~10㎝ **시기** 여름~가을 **장소** 풀밭, 숲 속의 땅 위

갓 표면은 흰색에 가까운 연한 크림색이다.

주름살 간격은 촘촘하다.

검은비늘송이
Tricholoma atrosquamosum

갓 지름 3~8㎝ **자루 길이** 3~7㎝ **시기** 여름~가을 **장소** 석회질이 많은 침엽수림 내의 땅 위

주름살은 회백색에서 점차 색이 짙어지고, 간격은 촘촘하다.

갓 표면은 가는 흑갈색 비늘로 덮여 있다

자루 표면은 가는 흑갈색 비늘로 덮여 있다.

낙엽송송이
Tricholoma psammopus

송이과

식용버섯

갓 지름 3~6㎝ 자루 길이 5~7㎝ 시기 봄, 가을 장소 일본잎갈나무(낙엽송)숲의 땅 위

어린 버섯

일본잎갈나무(낙엽송)숲 내에서 발생한다.

갓 표면은 황토갈색이고 가는 비늘로 덮여 있다.

자루는 갓 표면과 같은 색이고, 가는 갈색 비늘로 덮여 있다.

주름살은 흰색에 갈색 반점이 생기고, 간격은 약간 촘촘하다.

담갈색송이
Tricholoma ustale

독버섯

갓 지름 3~8㎝ 자루 길이 4~9㎝ 시기 가을 장소 활엽수림 내의 땅 위

어린 버섯

갓 표면은 황갈색 바탕에 붓으로 그은 듯한 적갈색 무늬가 있다.

습할 때 갓 표면은 약간 끈적거린다.

건조할 때 갓 표면에 균열이 생기기도 한다.

주름살은 흰색에서 점차 갈색 얼룩이 늘어나며 지저 분해 보인다.

주름살 간격은 매우 촘촘하다.

240

땅송이
Tricholoma terreum

송이과
식용버섯

갓 지름 3~8㎝ 자루 길이 4~8㎝ 시기 늦여름~가을 장소 침엽수림 내의 땅 위

어린 버섯

자루 표면은 흰색이다.

적송림 내에 발생했다.

스트로브잣나무 주변에 발생했다.

갓 표면은 회색에 섬유모양인 비늘로 덮여 있다.

주름살 간격은 약간 촘촘하다.

줄무늬송이
Tricholoma portentosum

갓 지름 4~10㎝ **자루 길이** 4~8㎝ **시기** 늦가을 **장소** 침엽수(소나무)림 내의 땅 위

어린 버섯

성숙한 버섯

갓 표면은 회색 바탕에 붓으로 그은 듯한 검은색 무늬가 있다.

자루 표면은 흰색이지만 연노란색을 띠기도 한다.

주름살은 흰색에서 연노란색으로 변해 가며, 간격은 촘촘하다.

송이
Tricholoma matsutake

갓 지름 8~25㎝ 자루 길이 10~25㎝ 시기 여름~가을 장소 침엽수(적송)림 내의 땅 위

어린 버섯

어린 버섯

적송림 내에 발생했다.

갓 표면은 연한 황갈색에서 갈색으로 변하는 큰 섬유 모양 인편으로 덮여 있다.

턱받이는 솜털모양이고, 턱받이 아래쪽은 갈색에 섬유 모양인 인편으로 덮여 있다.

243

할미송이

Tricholoma saponaceum

식용버섯 · 약 · 독

갓 지름 3.5~7㎝ 자루 길이 2.5~8㎝ 시기 가을 장소 활엽수림, 침엽수림 내의 땅 위

갓 표면의 색깔은 올리브 녹색이 가장 일반적이다.

오래되면 갓 표면은 불에 그을린 듯 검게 변한다.

갓 표면이 허연 개체도 있다.

주름살 간격은 약간 엉성하다.

갓 지름 5~14㎝ 자루 길이 3~7㎝ 시기 가을 장소 침엽수림 내의 땅 위

갓 표면에는 붓으로 그은 듯한 분홍 내지는 연한 붉은색 무늬가 있다.

주름살 간격은 매우 촘촘하다.

자루 표면은 흰색이고, 갓에 비해 길이가 짧다.

245

콩애기버섯

Collybia cookei

송이과

식독불명

갓 지름 0.4~1㎝ 자루 길이 2.5~4㎝ 시기 가을 장소 숲 속의 부엽토나 썩은 버섯 위

어린 버섯

성숙한 버섯

갓 표면은 대체로 매끄럽고 가운데는 색이 짙다.

주름살 간격은 엉성하다.

갓에 비해 자루가 길다.

연한 황갈색 균핵에서 발생한다.

흰무리애기버섯
Collybia cirrhata

갓 지름 0.3~1㎝ 자루 길이 1~3㎝ 시기 봄~가을 장소 썩은 나무나 식물, 숲 속의 썩은 버섯(무당버섯과 및 주름버섯 종류) 위

썩은 버섯 위에 무리를 이루어 발생한다.

자루 표면은 엷은 황갈색이고 흰 가루가 붙어 있다.

주름살 간격은 엉성하다.

헛깔때기버섯
Pseudoclitocybe cyathiformis

송이과
식용버섯

갓 지름 3~7㎝ 자루 길이 4~9㎝ 시기 가을 장소 숲 속의 썩은 나무나 그 주변의 부엽토 위

어린 버섯

주름살 간격은 촘촘하다.

습할 때 갓 표면은 진한 회갈색이고 마르면서 회백색으로 변해 간다.

자루 표면에 회갈색 섬유무늬가 있다.

흰우단버섯

Leucopaxillus giganteus

갓 지름 7~25㎝　자루 길이 5~12㎝　시기 여름~가을　장소 숲 속의 낙엽이 두껍게 쌓인 장소, 부엽토 위

갓 표면 가장자리에 짧은 요철이 있다.

갓 표면은 미세한 가루로 덮여 있다.

오래되면 갓 표면 가운데가 오목해지면서 깔때기모양이 된다.

자루 표면은 흰색이고 속이 차 있다.

주름살 간격은 매우 촘촘하다.

가루털애주름버섯
Mycena rhenana

갓 지름 0.4~1㎝ 자루 길이 1~3㎝ 시기 여름~가을 장소 땅에 떨어진 오리나무 열매, 도토리 등 구과의 위

신갈나무 열매 껍질에서 발생했다.

갓 표면은 약간 거칠며 가운데는 오목하고 회색을 띤다.
가장자리가 약간 톱니모양이다.

주름살 간격은 엉성하다.

가마애주름버섯
Mycena filopes

갓 지름 0.5~1.5㎝ 자루 길이 3~10㎝ 시기 가을 장소 숲 속의 이끼 사이, 습한 낙엽, 고목, 나뭇가지 위

갓 표면은 연한 회갈색인데 분홍빛이 도는 것 같다.

습할 때는 반투명한 선이 길게 나타나고 가장자리는 색이 연하다.

주름살 간격은 약간 엉성하다.

맑은애주름버섯
Mycena pura

갓 지름 2~5㎝ 자루 길이 5~8㎝ 시기 여름~가을 장소 활엽수림, 침엽수림 내의 낙엽, 부엽토 위

자주색 개체

분홍색 개체

갓 표면에는 반투명한 선이 있다.

주름살과 주름살 사이는 작은 주름으로 이어져 있다.

주름살 간격은 촘촘하다.

받침애주름버섯
Mycena chlorophos

갓 지름 0.4~2.5㎝ **자루 길이** 1~2㎝ **시기** 여름~가을 **장소** 활엽수의 죽은 줄기, 가지 위

어린 버섯의 갓 표면은 회색을 띤다.

어린 버섯의 주름살은 회색을 띤다.

갓 표면에는 반투명한 선이 있다.

주름살 간격은 약간 엉성하다.

성숙하면 갓 표면은 흰색으로 변하고 가운데는 색이 짙어 진다.

기부는 둥근 빨판모양이다.

분홍애주름버섯
Mycena adonis

애주름버섯과
식독불명

갓 지름 0.5~1㎝ 자루 길이 1.5~4.5㎝ 시기 여름~가을 장소 숲 속의 풀, 이끼 사이의 땅 위

갓 표면은 어릴 때 주홍색이었다가 분홍색~흰색으로 변해 간다.

주름살은 연분홍색을 띠고 간격은 엉성하다.

수피이끼애주름버섯
Mycena mirata

애주름버섯과
식독불명

갓 지름 0.5~1㎝ 자루 길이 1.5~4.5㎝ 시기 여름~가을 장소 이끼 낀 나무껍질, 낙엽 위

갓 표면은 황토갈색에서 회갈색으로 변해 간다.

주름살 간격은 엉성하다.

세로줄애주름버섯
Mycena polygramma

갓 지름 2~3.5㎝ 자루 길이 4~10㎝ 시기 봄~늦가을 장소 활엽수의 죽은 그루터기, 낙엽, 부엽토 위

어린 버섯은 자루 표면 위에 세로로 된 선이 선명하다.

성장하는 버섯은 회색빛이 짙다.

늦은 가을 숲 속의 축축한 땅 위에서 쉽게 볼 수 있다.

오래되면 황갈색에 가까워진다.

주름살 간격은 약간 엉성하다.

악취애주름버섯

Mycena alcalina

갓 지름 1~3㎝ 자루 길이 2~6㎝ 시기 봄, 가을 장소 침엽수의 썩은 그루터기, 줄기 또는 주변 부엽토 위

갓 표면은 회갈색에서 회황갈색으로 변해 간다.

주름살은 연회색에서 흰색으로 변해 가며, 간격은 엉성하다.

255

애주름버섯(콩나물애주름버섯)
Mycena galericulata

갓 지름 2~5㎝ 자루 길이 5~8㎝ 시기 봄~가을 장소 활엽수의 죽은 줄기, 그루터기 위

어린 버섯

성숙한 버섯

어릴 때 갓 표면은 황토갈색이었다가 베이지색이 도는 갈색으로 점차 엷어진다.

자루 표면은 위쪽은 흰색 아래쪽은 황갈색이며, 질기다.

주름살 간격은 약간 엉성하다.

잔다리애주름버섯
Mycena tintinnabulum

갓 지름 0.5~2.5㎝ 자루 길이 1.5~4㎝ 시기 초봄, 늦가을 장소 활엽수, 침엽수의 썩은 줄기, 그루터기 위

어린 버섯

큰 다발로 발생한다.

썩은 침엽수에서 발생했다.

썩은 활엽수에서 발생했다.

갓 표면은 회갈색을 띠고 반투명한 선이 나타난다.

주름살은 크림색이고, 간격은 약간 엉성하다.

적갈색애주름버섯

애주름버섯과

Mycena haematopus

식독불명

갓 지름 1~3.5㎝ **자루 길이** 3~8㎝ **시기** 초여름~가을 **장소** 활엽수의 죽은 그루터기, 줄기 위

어린 버섯

갓 표면은 적자색을 띤다.

갓 표면에 상처를 내면 적자색 액체가 흘러나온다.

주름살 간격은 엉성하고, 상처가 나면 적자색으로 물든다.

가시균(*Spinellus fusiger*)이 발생하는 것을 종종 볼 수 있다

졸각애주름버섯
Mycena pelianthina

갓 지름 2~5㎝ **자루 길이** 4~10㎝ **시기** 여름~가을 **장소** 활엽수림, 침엽수림 내의 부엽토 위

어린 버섯

성숙한 버섯

습할 때 갓 표면 가장자리에 반투명한 선이 나타난다.

주로 깊은 산 속에서 볼 수 있다.

갓 표면은 가운데를 중심으로 주름져 있다.

주름살 간격은 촘촘하고, 주름살 날 끝은 흑자색을 띤다.

주홍애주름버섯

Mycena sanguinolenta

갓 지름 0.5~1.5㎝ 자루 길이 3~7㎝ 시기 봄~가을 장소 활엽수림, 침엽수림 내의 이끼 사이, 낙엽 사이의 땅 위

갓 표면은 약간 주름져 있고, 상처가 나면 붉은색으로 물든다.

주름살 간격은 엉성하고, 날 끝은 자주색을 띤다.

홍시애주름버섯(빨간애주름버섯)

Mycena acicula

갓 지름 0.5~1㎝ 자루 길이 3~5㎝ 시기 늦봄~가을 장소 습기 많은 땅의 죽은 나뭇가지나 나무 썩은 장소의 땅 위

갓 표면은 오렌지색을 띤다.

자루는 연노란색을 띤다.

주름살 간격은 약간 엉성하다.

흰애주름버섯
Mycena alphitophora

애주름버섯과
식독불명

갓 지름 0.2~0.8㎝ 자루 길이 1~3㎝ 시기 여름 장소 침엽수, 활엽수의 낙엽, 떨어진 가지 위

낙엽송 열매에 발생한 모습

매우 작다.

자루 표면에는 흰 가루가 붙어 있다.

갓 표면은 흰 가루로 덮여 있다.

주름살 간격은 매우 엉성하다.

약한천사버섯
Hemimycena pseudocrispula

애주름버섯과

식독불명

갓 지름 0.2~0.8㎝ 자루 길이 2~4.5㎝ 시기 여름~가을 장소 낙엽 퇴적층, 미세한 뿌리, 풀줄기, 잔가지 등

주름살은 자루에 길게 내려 붙고, 간격은 매우 엉성하다.

점질버섯(점질대애주름버섯)
Roridomyces roridus

애주름버섯과

식독불명

갓 지름 0.4~1㎝ 자루 길이 1.5~4.5㎝ 시기 봄~가을 장소 숲 속의 낙엽, 떨어진 가지, 죽은 가지

자루 아래쪽에 젤라틴 점액이 많이 붙어 있다.

갓 표면 가운데는 회갈색이고 가장자리 쪽으로는 회백색을 띤다.

부채버섯
Panellus stypticus

갓 지름 1~2㎝ 자루 길이 0.5~2㎝ 시기 여름~초겨울 장소 활엽수의 죽은 그루터기, 줄기, 가지 위

갓 표면은 연한 황갈색이고 미세한 털로 덮여 있다.

무리를 이루어 나거나 많은 개체가 겹쳐서 발생한다.

주름살 간격은 촘촘하고, 짧은 자루가 있다.

골무버섯
Tectella patellaris

갓 지름 0.7~2㎝ 자루 길이 0.5~1.5㎝ 시기 가을 장소 활엽수의 죽은 그루터기, 줄기, 가지 위

갓 표면은 미세한 털로 덮여 있고, 짧은 자루가 있다.

죽은 나무 위에 무리를 이루거나 다발로 발생한다.

주름살 간격은 촘촘하고, 가장자리에 내피막 조각이 붙어 있다.

가랑잎이끼살이버섯
Xeromphalina cauticinalis

갓 지름 1.5~2.5㎝ 자루 길이 2~4㎝ 시기 봄, 가을 장소 침엽수림 내의 낙엽이나 죽은 가지, 솔방울 위

어린 버섯. 자루 표면 아래쪽은 흑갈색이고 위쪽은 색이 더 밝다.

갓 표면 가운데는 젖꼭지모양이다.

갓 표면은 황갈색을 띠고 면이 고르지 않다.

주름살 간격은 엉성하고 주름살 사이가 서로 연결되어 있다.

갈색이끼살이버섯
Xeromphalina picta

갓 지름 0.3~0.7㎝ 자루 길이 2~3㎝ 시기 여름 장소 활엽수림, 침엽수림 내의 낙엽이나 죽은 가지 위

갓 가운데가 오목해져서 윗면이 편평하게 보이기도 한다.

어릴 때 갓 표면은 진갈색을 띠고 반투명한 선이 나타난다.

오래되면 갓 표면은 색이 바랜다.

주름살 간격은 엉성하고, 주름살 끝에 자갈색 선이 있다.

이끼살이버섯

Xeromphalina campanella

갓 지름 0.8~2.5㎝ 자루 길이 1~3㎝ 시기 여름~가을 장소 침엽수의 이끼 낀 그루터기, 죽은 줄기 위

어린 버섯은 밝은 노란색을 띤다.

갓 표면 가운데는 색이 짙고 오목하다.

이끼 낀 침엽수 고목에서 발생한다.

갓 표면은 노란색에서 황갈색으로 변해 간다.

주름살은 내려 붙은 모양이다.

주름살 간격은 엉성하다.

그늘버섯
Clitopilus prunulus

갓 지름 3~9㎝ 자루 길이 2~5㎝ 시기 여름~가을 장소 활엽수림 내의 땅 위

갓 표면은 만지면 자국이 남는다.

갓 표면은 회백색을 띤다.

주름살은 흰색에서 분홍색으로 변해
가고 간격은 약간 엉성하다.

가지외대버섯
Entoloma cyanonigrum

갓 지름 3~7㎝ 자루 길이 4~10㎝ 시기 여름~가을 장소 침엽수림, 혼합림 내의 땅 위

갓 표면은 청흑색이고 섬유모양으로 가
늘게 갈라진다.

어린 버섯

주름살은 흰색에서 탁한 분홍색으로
변해 가고 간격은 약간 촘촘하다.

검은비늘외대버섯
Entoloma aethiops

갓 지름 1~3.5㎝ 자루 길이 2~7㎝ 시기 여름~가을 장소 숲 속의 부엽토 위

어린 버섯은 푸른색에 가깝다.

성숙하면서 흑갈색에 가까워진다.

갓 표면은 흑갈색에 가루모양인 비늘로 덮여 있다.

갓 표면은 흑청색이고 가운데는 오목하며 방사상 선이 있다.

자루 표면은 흑청색이고 꼭대기에 가루가 붙어 있다.

주름살은 흰색에서 분홍색으로 변해 가며, 간격은 약간 촘촘하다.

검은외대버섯
Entoloma ater

갓 지름 1~4㎝ 자루 길이 2~5㎝ 시기 여름 장소 잔디밭 내의 땅 위

어린 버섯은 갓 표면에 미세한 비늘이 있으나 쉽게 떨어진다.

주로 잔디밭에서 발생한다.

갓 표면 가운데는 항상 오목하다.

주름살 간격은 약간 엉성하다.

자루 표면은 회흑갈색을 띤다.

주름살은 자루에 약간 내려 붙은 모양이다.

굴곡외대버섯
Entoloma tortuosum

외대버섯과
식용버섯

갓 지름 5~8㎝ **자루 길이** 5~12㎝ **시기** 여름 **장소** 활엽수림, 혼합림 내의 땅 위

갓 표면은 황갈색 또는 흑갈색, 적갈색을 띤다.

보통 성숙하면서 갓 모양이 일그러진다.

주름살은 크림색에서 탁한 분홍색으로 변해 가고 간격은 촘촘하다.

잔디밭외대버섯
Entoloma carneogriseum

외대버섯과
식독불명

갓 지름 1~2㎝ **자루 길이** 2.5~5㎝ **시기** 여름 **장소** 잔디밭, 풀밭, 길가 등의 땅 위

갓 표면은 오목하고 가운데부터 길게 반투명한 선이 나타난다.

갓 표면은 흑갈색을 띤다.

주름살 간격은 엉성하고 자루에 내려 붙 모양이며, 주름살 날 끝은 흑갈색을 띤다

270

방패외대버섯
Entoloma clypeatum

갓 지름 3~8㎝ 자루 길이 4~8㎝ 시기 봄 장소 모과나무 등의 장미과에 속한 나무 주변 땅 위

어린 버섯

자루는 아래로 굵어지고 방망이모양이다.

봄에 모과나무 주변에서 볼 수 있다.

갓 표면은 쥐색에서 황갈색으로 변해 가고 가는 섬유무늬가 있다.

주름살은 크림색에서 탁한 회분홍색으로 변해 가며, 간격은 약간 촘촘하다.

빈외대버섯

Entoloma depluens

갓 지름 1~4㎝ 자루 길이 자루 없음 시기 여름~가을 장소 숲 속의 썩은 나무나 부엽토 위

주름살은 흰색에서 회분홍색으로 변해 가고 간격은 엉성하다.

갓 표면은 어릴 때 흰색이었다가 점차 회색으로 변해 간다.

갓 모양은 조개껍질 내지는 콩팥모양이다

솔외대버섯

Entoloma pinusm

갓 지름 2~2.5㎝ 자루 길이 2~3㎝ 시기 초여름 장소 침엽수림 내의 땅 위

갓 표면은 붉은 기가 도는 회색이고 가운데는 배꼽모양이다.

자루 표면은 어두운 황갈색을 띤다.

주름살은 흰색에서 탁한 분홍색으로 변해 가고 간격은 약간 엉성하다.

삿갓외대버섯
Entoloma rhodopolium

갓 지름 3~8㎝ 자루 길이 5~10㎝ 시기 여름~가을 장소 활엽수림, 혼합림 내의 부엽토 위

어린 버섯

갓 표면은 회황갈색을 띠고 마르면 비단 같은 광택이 난다.

주름살은 크림색에서 분홍색으로 변해 가고 간격은 촘촘하다.

예쁜이외대버섯
Entoloma pulchellum

외대버섯과

식독불명

갓 지름 1~2㎝　자루 길이 2~3㎝　시기 여름　장소 잔디밭 내의 땅 위

갓 표면은 오렌지 빛이 도는 갈색이고 가늘게 갈라진다.

갓 표면 가운데는 오목하고 흑갈색 비늘로 덮여 있다.

주름살 간격은 엉성하고, 주름살 날 끝이 갈색을 띨 때도 있다.

흰꼬마외대버섯
Entoloma chamaecyparidis

외대버섯과

식독불명

갓 지름 0.3~0.9㎝　자루 길이 0.2~0.5㎝　시기 봄~가을　장소 습기가 많은 돌이나 부엽토 위

신선할 때 갓 표면은 부드러운 털로 덮인다.

이끼 낀 땅에서 발생했다.

주름살 간격은 엉성하고, 짧은 자루가 있다.

갓 지름 7~12㎝ 자루 길이 10~16㎝ 시기 여름~가을 장소 활엽수림 내의 땅 위

어린 버섯은 갓이 산갈모양이다.

성장기의 버섯

성숙한 버섯

갓 표면에는 가늘고 흰 섬유무늬가 있다.

갓 표면에는 때때로 물방울무늬가 있다.

자루는 땅 깊숙이 묻혀 있고, 약간 뿌리모양이다.

275

흰머리외대버섯
Entoloma sericellum

갓 지름 1~2.5㎝ 자루 길이 2~4.5㎝ 시기 여름~가을 장소 숲 속의 부엽토, 풀밭 내의 땅 위

갓 가운데가 돌출될 때도 있다.

성숙한 버섯

갓 표면은 비단 같은 섬유로 덮여 있다.

Scale:10.000um

포자 크기 9.5~11×7~9㎛

주름살은 흰색에서 분홍색으로 변해 가고 간격은 엉성하다.

붉은꼭지외대버섯
Entoloma quadratum

외대버섯과
독버섯

갓 지름 1~5㎝ 자루 길이 5~11㎝ 시기 여름~가을 장소 숲 속의 부엽토 위

갓 표면은 탁한 주황색을 띠고, 연필심 같은 돌기가 있다.

흰꼭지외대버섯
Entoloma album

외대버섯과
독버섯

갓 지름 1~5㎝ 자루 길이 4~10㎝ 시기 여름~가을 장소 숲 속의 부엽토 위

갓 표면은 흰색을 띠고, 연필심 같은 돌기가 있다.

하늘꼭지버섯
Inocephalus virescens

갓 지름 2~3.5㎝ 자루 길이 4~7㎝ 시기 여름~가을 장소 숲 속의 부엽토 위

전체가 하늘색을 띤다.

만지면 녹황색으로 변한다.

통발내림살버섯
Rhodocybe popinalis

갓 지름 2.5~6.5㎝ 자루 길이 3~5㎝ 시기 여름~가을 장소 활엽수림 내의 부엽토 위

갓 표면은 회백색이고 동심원상으로 금이 가거나 쭈글쭈글해진다.

주름살 간격은 촘촘하고, 자루에 내려
붙은 모양이다.

주름버짐버섯
Pseudomerulius aureus

은행잎버섯과

독버섯

자루 길이 자루 없음 시기 여름~가을 장소 침엽수의 죽은 나무껍질이 벗겨진 부분 위

배착생으로 일정한 크기 없이 넓게 퍼져 나간다.

어린 버섯의 가장자리는 부드러운 털로 덮여 있다.

자실층은 밝은 노란색에서 자갈색으로 변해 가고 주름진다.

꽃잎주름버짐버섯(곰우단버섯)
Pseudomerulius curtisii

은행잎버섯과

독버섯 · 약

갓 지름 2~6㎝ 자루 길이 자루 없음 시기 여름~가을 장소 침엽수의 죽은 줄기 위

갓 표면은 녹황색을 띠고 우단(벨벳) 같은 털로 덮여 있다.

주름살은 고불고불하고, 간격은 약간 촘촘하다.

좀은행잎버섯
Tapinella atrotomentosa

갓 지름 5~15㎝ 자루 길이 3~10㎝ 시기 여름~가을 장소 침엽수, 대나무의 썩은 그루터기, 줄기 위

소나무에서 발생한 개체

대나무에서 발생한 개체

갓 표면은 벨벳 같은 질감이고 흑갈색을 띤다.

자루는 단단하고 긴 흑갈색 털로 덮여 있다.

주름살은 크림색에서 황갈색으로 변해 가며, 간격은 촘촘하다.

은행잎버섯
Tapinella panuoides

갓 지름 2~8㎝ 자루 길이 자루 없음 시기 여름~가을 장소 침엽수의 줄은 그루터기, 줄기 위

주름살은 노란색을 띠고 고불고불하며, 간격은 촘촘하다.

갓 표면은 연갈색에서 황갈색으로 변해 가고 벨벳모양이다.

갓 가장자리는 안으로 말려 있다.

자색꽃구름버섯
Chondrostereum purpureum

갓 지름 1~3㎝ 자루 길이 자루 없음 시기 1년 내내 장소 활엽수의 죽은 나무, 살아 있는 나무 위

갓 표면에는 불분명한 테무늬가 있고 거친 털로 덮여 있다.

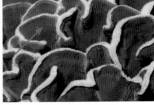

다수가 겹쳐 발생한다.

자실층인 밑면은 약간 주름지고 자주색을 띤다.

노란이끼버섯(패랭이버섯)
Rickenella fibula

어린 버섯

이끼가 자라는 땅 위에서 발생한다.

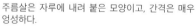

주름살은 자루에 내려 붙은 모양이고, 간격은 매우 엉성하다.

갓 가운데가 오목하다.

이끼버섯과

식독불명

갓 지름 0.5~1.5㎝ 자루 길이 2~5㎝ 시기 초여름~가을 장소 숲, 공원, 정원 등의 이끼 낀 땅 위

282

밀졸각버섯
Laccaria tortilis

식용버섯

갓 지름 0.6~1.5㎝ 자루 길이 1~2.5㎝ 시기 봄~가을 장소 풀밭의 이끼 사이, 숲 속의 습한 땅 위

주름살 간격은 매우 엉성하다.

갓 표면은 어두운 주황색을 띠고 가운데는 색이 더 짙다.

졸각버섯
Laccaria laccata

졸각버섯과
식용버섯

갓 지름 1.5~3㎝ 자루 길이 3~6㎝ 시기 초여름~가을 장소 공원, 길가, 풀밭 이끼 사이, 숲 속의 땅 위

주름살 간격은 엉성하다.

갓 표면은 오렌지색 내지는 분홍빛이 도는 주황색이다.

색시졸각버섯
Laccaria vinaceoavellanea

졸각버섯과

식용버섯

갓 지름 3~7㎝ **자루 길이** 4~9㎝ **시기** 여름~가을 **장소** 활엽수림, 혼합림, 풀밭, 공원 내의 땅 위

주름살 간격은 엉성하다.

갓 표면은 연분홍색이고 홈이 팬 선이 뚜하다.

자주졸각버섯
Laccaria amethystea

졸각버섯과

식용버섯

갓 지름 1.5~4㎝ **자루 길이** 3~7㎝ **시기** 여름~가을 **장소** 공원, 길가, 풀밭 이끼 사이, 숲 속의 땅 위

버섯 전체가 자주색을 띠고, 주름살 간격은 엉성하다.

가시갓버섯
Echinoderma asperum

갓 지름 7~10㎝ 자루 길이 8~10㎝ 시기 여름~가을 장소 숲 속의 낙엽이 두터운 부엽토, 쓰레기장, 길가, 정원 등

어린 버섯

갓 표면은 가시 같은 돌기로 덮여 있다.

턱받이는 흰색 막질이고 표면에 돌기가 붙어 있다.

주름살 간격은 매우 촘촘하다.

벗은각시버섯(꾀꼬리각시버섯)
Leucocoprinus straminellus

갓 지름 2.5~3.5㎝ **자루 길이** 4~7㎝ **시기** 여름 **장소** 화분, 숲 속의 부엽토 위

전체가 연노란색에서 흰색으로 변하지만 가운데는 노랗다.

갓 표면은 가루 같은 가는 비늘로 덮여 있다.

주름살 간격은 촘촘하다.

여우꽃각시버섯
Leucocoprinus fragilissimus

갓 지름 2~4㎝ **자루 길이** 4~8㎝ **시기** 여름 **장소** 숲 속의 부엽토 위

자루는 매우 연약하다.

어린 버섯은 녹황색을 띤다.

갓 표면에 흰색과 녹황색이 교대로 나타나는, 방사상으로 홈이 팬 선이 생긴다.

흰가루각시버섯
Leucocoprinus cepistipes

갓 지름 2.5~6㎝ 자루 길이 4~10㎝ 시기 여름 장소 숲 속의 부엽토 위

주름살은 크림색이고 간격은 촘촘하다.

갓 표면은 흰색 가루 같은 가는 비늘로 덮여 있다.

턱받이는 흰색 막질이고 떨어지기 쉽다.

백조각시버섯(흰주름각시버섯)
Leucocoprinus cygneus

갓 지름 1.5~2.5㎝ 자루 길이 2.5~4.5㎝ 시기 여름 장소 혼합림 내의 부엽토 위

주름살은 흰색이고, 간격은 촘촘하다.

턱받이는 흰색에 막질이고 떨어지기 쉽다.

갓 표면은 흰색에 섬유모양이며 비단 같은 광택이 난다.

287

갈색고리갓버섯
Lepiota cristata

갓 지름 2~4㎝ 자루 길이 3~5㎝ 시기 여름~가을 장소 숲 속, 정원, 잔디밭, 쓰레기장 등의 땅 위

어린 버섯

성장기의 버섯

성숙한 버섯. 턱받이는 흰색 막질로 떨어지기 쉽다.

갓 표면에는 흰색 바탕 위에 가운데를 중심으로 갈색
비늘이 덮여 있다.

자루 표면이 연갈색을 띤다.

주름살은 흰색이고, 간격은 촘촘하다.

갓 지름 2~3㎝ 자루 길이 3~5㎝ 시기 여름~가을 장소 침엽수림 내의 부엽토 위

갓 표면은 흑갈색에 과립모양인 비늘로 덮이고 가운데는 조각이 크다.

주름살은 흰색에서 크림색으로 변해 가고 간격은 약간 촘촘하다.

밤색갓버섯
Lepiota castanea

갓 지름 1.5~4㎝ 자루 길이 2.5~5㎝ 시기 여름~가을 장소 숲 속의 부엽토 위

어린 버섯

성숙한 버섯

갓 표면은 밤색 내지는 적갈색인 과립 모양 비늘로 덮인다.

주름살 간격은 약간 촘촘하다.

자루 표면에는 갈색 비늘이 붙어 있다.

방패갓버섯
Lepiota clypeolaria

갓 지름 4~7㎝ 자루 길이 5~10㎝ 시기 여름~가을 장소 숲 속의 부엽토 위

어린 버섯

갓 표면은 성장하면서 쪼개져 하얀 속살이 드러난다.

갓 가장자리에는 솜털이 붙어 있다.

갓 표면은 펠트 같은 황갈색 솜털로 덮여 있다.

주름살은 흰색에서 백황색으로 변해 가고 간격은 촘촘하다.   자루 표면도 솜털로 덮여 있다.

암갈색갓버섯

Lepiota fusciceps

갓 지름 1~2㎝ 자루 길이 1.5~4㎝ 시기 여름~가을 장소 숲 속의 부엽토, 풀밭, 썩은 나무 위

어릴 때 갓 표면은 전체적으로 흑갈색을 띤다.

턱받이는 흰색 막질이고 떨어지기 쉽다.

기부는 약간 부풀어 있다.

갓 표면 가운데는 흑자갈색이고, 가장자리 쪽으로 갈수록 가늘게 갈라진다.

주름살 간격은 약간 엉성하다.

갓 지름 1~3㎝ 자루 길이 2~4.5㎝ 시기 여름~가을 장소 숲 속의 부엽토 위

갓 가운데가 돌출된다.

성숙한 버섯

갓 표면 가운데는 흑갈색이지만 푸른빛도 조금 돈다.

Scale:10.000um

포자 크기 4.8~7.3×3.2~4.2㎛

주름살은 흰색에서 백황색으로 변해 가고 간격은 촘촘하다.

턱받이는 흰색 막질로 떨어지기 쉽고, 흑청색 테두리가 있다.

갓 지름 3~5㎝ 자루 길이 4~6㎝ 시기 여름~가을 장소 숲 속의 부엽토 위

갓 표면은 백황색, 가운데는 연한 황갈색을 띠고 부드러운 섬유질이다.

주름살은 폭이 넓고 간격은 약간 촘촘하다.

갓 가장자리에는 섬유질 피막 조각이 붙어 있다.

자루 아래쪽은 황갈색을 띠고 표면에는 흰색 섬유가 붙어 자루 속은 비어 있다.
있다.

일본가루낭피버섯
Cystodermella japonica

갓 지름 3~8㎝ 자루 길이 3~6㎝ 시기 여름~가을 장소 숲 속의 낙엽, 대나무밭 낙엽 위

어린 버섯

어린 버섯의 갓 표면은 가루로 덮여 있다.

갓 표면은 황토색을 띤다.

갓 표면은 벨벳 같은 질감이며 주름이 잡히기도 한다.

턱받이는 노란색 막질로, 표면에는 가루가 덮여 있고 떨어지기 쉽다.

주름살 간격은 매우 촘촘하다.

낭피버섯
Cystoderma amiantinum

갓 지름 2~5㎝ 자루 길이 3~6㎝ 시기 여름~가을 장소 침엽수림 내의 부엽토 위

어린 버섯

자루 표면에는 흰색 비늘이 붙어 있고 기부는 부풀어 있다.

턱받이는 흰색이고 불완전한 고리모양이다.

갓 표면은 미세한 가루로 덮여 있다.

갓 가장자리에는 피막 조각이 붙어 있다.

귤낭피버섯
Cystoderma fallax

주름버섯과
식용버섯

갓 지름 3~5㎝ 자루 길이 2.5~7㎝ 시기 가을 장소 침엽수림 내의 이끼 사이, 부엽토 위

갓 표면은 가는 적갈색 돌기로 덮여 있다.

침엽수(소나무)림에서 발생했다.

턱받이 아래쪽 표면에 연한 적갈색 돌기가
붙어 있다.

댕구알버섯
Lanopila nipponica

주름버섯과
식용버섯 · 약

자실체 지름 15~45㎝ 시기 여름~가을 장소 숲 속, 풀밭, 잡목림 내의 땅 위

아래쪽은 무성기부가 없이 대체로 둥글다.

크기가 매우 크다.

표면은 흰색에서 갈색으로 변하고 오
래되면 균열이 생기면서 찢어진다.

긴목말불버섯
Lycoperdon spadiceum

갓 지름 1~2.5㎝ 자루 길이 3~7㎝ 시기 여름~가을 장소 숲 속의 초지, 모래땅, 많이 썩은 나무 위

자실체 표면은 흰색 분말로 덮여 있다.

무성기부가 길다.

표면은 흰색에서 갈색으로 변해 간다.

너도말불버섯
Lycoperdon umbrinum

갓 지름 2.5~3㎝ 자루 길이 3~4㎝ 시기 여름~가을 장소 숲 속, 길가의 모래땅, 풀 사이, 잔디밭 위

표면은 가시모양 돌기와 미세한 사마귀로 덮여 있다.

어린 버섯

표면은 회흑갈색에서 갈색~황갈색으로 변해 간다.

말불버섯

Lycoperdon perlatum

갓 지름 2~5㎝ 자루 길이 2~6㎝ 시기 여름~가을 장소 숲 속의 부엽토, 풀밭, 썩은 나무 위

어린 버섯

표면 가운데가 흑갈색이다.

표면은 가시 같은 돌기로 덮여 있다.

자루 같이 생긴 무성기부가 있다.

표면은 흰색에서 황갈색으로 변해 간다.

어릴 때 내부는 흰색이다가 성숙하면 녹갈색을 띤다.

목장말불버섯
Lycoperdon pratense

갓 지름 1~3㎝ 자루 길이 1~4㎝ 시기 여름~가을 장소 풀밭, 잔디밭, 숲 속의 부엽토 위

어린 버섯

자루 같은 무성기부가 있다.

표면은 오랫동안 흰색이다가 연한 황갈색으로 변해 간다.　　표면은 부드러운 가시모양 돌기로 덮여 있다.

비늘말불버섯
Lycoperdon mammaerforme

 주름버섯과

식독불명

갓 지름 4~7㎝ 자루 길이 4~9㎝ 시기 여름~가을 장소 석회암지대 활엽수림 내의 부엽토 위

외피막이 갈라지기 전의 모습

위쪽은 일그러지지 않고 대체로 둥근 모양을 유지한다.

표면은 그물모양 외피막으로 덮여 있다가 큰 조각으로 갈라져서 일부는 떨어지고 일부는 붙어 있다.

내부는 흰색에서 녹갈색으로 변해 간다.

가시말불버섯
Lycoperdon echinatum

주름버섯과

식용버섯 · 약

갓 지름 2~5㎝ 자루 길이 3~6㎝ 시기 여름~가을 장소 숲 속의 부엽토 위

표면은 긴 황갈색 털로 덮여 있다.

좀말불버섯
Lycoperdon pyriforme

갓 지름 1~3㎝ 자루 길이 2~4㎝ 시기 여름~가을 장소 깊은 숲 속의 썩은 나무 위

성숙하면 가운데가 찢어지고 그곳으로 포자를 방출한다.

어린 버섯

숲 속의 썩은 나무 위에 큰 무리를 이루어 발생한다.

가운데 색이 약간 짙다.

표면은 미세한 돌기로 덮이지만 떨어지기 쉽다.

애기찹쌀떡버섯
Bovista pusilla

갓 지름 1~1.8㎝ 자루 길이 1~2㎝ 시기 여름~가을 장소 길 가장자리, 잔디밭, 풀밭, 목장 등의 땅 위

어린 버섯

성숙하면 내피가 찢어지고 구멍을 통해 포자를 방출한다.

표면은 작은 가루 같은 돌기로 덮여 있다.

어릴 때 갓 표면은 흰색이었다가 점차 갈황색으로 변해 간다.

어릴 때 갓 표면은 연노란색을 띠기도 한다.

어린 버섯의 내부는 흰색이다.

찹쌀떡버섯
Bovista plumbea

갓 지름 2~4㎝ **자루 길이** 2~4㎝ **시기** 여름~가을 **장소** 길 가장자리, 잔디밭, 풀밭, 목장 등의 땅 우

어린 버섯

애기찹쌀떡버섯보다 크다.

갓 표면은 미세한 가루가 있으나 쉽게 떨어져 매끈해
보인다.

성숙하면서 갓 표면은 흰색에서 회황갈색으로 변해 간다.

기부 쪽은 주름이 잡히고 흰색에 꼬리모양인 균사속이
붙어 있다.

말징버섯
Calvatia craniiformis

갓 지름 5~10㎝ 자루 길이 5~10㎝ 시기 여름~가을 장소 풀밭, 공원, 숲 가장자리, 숲 속의 땅 위

어린 버섯

성장기의 버섯

성숙하면서 보통 주름이 잡힌다.

어릴 때 표면은 적갈색이었다가 황갈색으로 변해 간다.

내부는 식빵 같다.

노균

큰말징버섯
Calvatia cyathiformis

갓 지름 7~15㎝ 자루 길이 9~20㎝ 시기 가을 장소 풀밭, 공원, 목장 등의 땅 위

표면은 어릴 때는 흰색이다가 점차 회갈색으로 변해 간다.

자실체는 아래쪽으로 가늘어진다.

표면은 회갈색이었다가 짙은 자갈색으로 변한다.

표면은 그물눈모양으로 갈라진 다음 떨어지고 내피가 드러난다.

기본체는 흰색에서 녹황색을 거쳐 짙은 자갈색으로 변해 간다.

먹물버섯
Coprinus comatus

주름버섯과

식용버섯

갓 지름 3~5㎝ 갓 높이 5~15㎝ 자루 길이 5~15㎝ 시기 봄~가을 장소 풀밭, 정원, 잔디밭, 길가, 숲 가장자리 등의 땅 위

어린 버섯

공원 같은 생활 주변 장소에서 쉽게 볼 수 있다.

갓의 노피가 길고 표면은 긴 털로 덮여 있다.

자루 중간쯤에 위아래로 움직이는 떨어지기 쉬운 턱받이가 있다.

갓 부분은 포자가 성숙하면서 검게 녹아내린다.

주홍여우갓버섯
Leucoagaricus rubrotinctus

주름버섯과
식독불명

갓 지름 4~7㎝ 자루 길이 5~10㎝ 시기 여름~가을 장소 숲 속의 부엽토 위

어린 버섯

턱받이는 자루 중간에 붙어 있고, 적갈색 피막 조각이 붙어 있다.

갓 표면은 오렌지 빛이 도는 적갈색이며 성숙하면서 균열이 생긴다.

주름살 간격은 촘촘하다.

기부는 크게 부풀어 있다.

308

반나솜갓버섯

Cystolepiota seminuda

주름버섯과

식독불명

갓 지름 0.8~1.2㎝ 자루 길이 2~4㎝ 시기 여름~가을 장소 숲 속의 부엽토 위

갓 가운데가 볼록하다.

자루 표면에는 흰 가루가 덮여 있다.

자루 아래쪽에는 때때로 붉은 기가 돈다.

갓 표면은 흰색이고 흰 가루로 덮이며 오래되면 가운데에 붉은 기가 돈다.

주름살은 흰색이고 간격은 약간 엉성하다.

장미솜갓버섯
Cystolepiota moelleri

갓 지름 2~3㎝ 자루 길이 5~6㎝ 시기 여름~가을 장소 활엽수림 내의 부엽토 위

오래되면 갓 표면에서 돌기와 가루가 떨어지고 허연 바탕이 드러난다.

갓 표면은 분홍빛이 도는 붉은색 가루와 돌기로 덮여 있다.

자루 아래쪽 표면도 갓 표면과 같은 가루와 돌기로 덮여 있다.

흰여우솜갓버섯
Cystolepiota pseudogranulosa

갓 지름 1.3~2㎝ 자루 길이 2~4㎝ 시기 여름~가을 장소 활엽수림, 주로 침엽수림 내의 부엽토 위

갓 표면 가장자리에는 피막 조각이 붙어 있다.

갓 표면은 흰색 바탕에 두터운 연갈색 가루로 덮여 있다.

자루 표면에도 연갈색 또는 흰색 가루가 두텁게 덮여 있다.

광비늘주름버섯
Agaricus moelleri

갓 지름 4~10㎝ 자루 길이 6~12㎝ 시기 여름~가을 장소 풀밭, 공원, 숲 속의 부엽토 위

어린 버섯

갓 표면 가운데는 색이 짙다.

갓에서 분리되기 전의 내피막. 분리되면 큰 턱받이가 된다.

자루 표면은 상처가 나면 밝은 노란색으로 변한다.

갓 표면은 회갈색 바탕에 가는 흑갈색 섬유모양 비늘로 덮인다.

턱받이는 큰 흰색 막질이다.

311

광양주름버섯
Agaricus dulcidulus

갓 지름 1.5~4.5㎝ 자루 길이 3~6㎝ 시기 여름~가을 장소 숲 속의 부엽토 위

어린 버섯

턱받이는 흰색 막질이고 떨어지기 쉽다.

갓 표면은 흰색 바탕 위에 분홍~적자색 비늘로 덮여 있다.

주름살 간격은 촘촘하다.

주름살은 흰색에서 분홍색을 거쳐 자갈색으로 변해 간다.

꼬마주름버섯
Agaricus diminutivus

갓 지름 1~4㎝ 자루 길이 3~5㎝ 시기 여름~가을 장소 숲 속의 부엽토 위

갓 표면에 비늘이 적다.

갓 표면 가운데에 들러붙은 적갈색 비늘이 있다.

주름살 간격은 촘촘하다.

313

담황색주름버섯
Agaricus silvicola

갓 지름 6~10㎝ **자루 길이** 5~10㎝ **시기** 여름~가을 **장소** 숲 속의 부엽토 위

갓 표면은 연노란색을 띠고 윤기가 없다.

주름살은 크림색에서 흑자갈색으로 변해 가고 간격은 촘촘하다.

등색주름버섯
Agaricus abruptibulbus

갓 지름 5~11㎝ **자루 길이** 9~13㎝ **시기** 여름~가을 **장소** 대나무 숲의 부엽토 위

갓 표면은 밝은 노란색이고 윤기가 있다.

주로 대나무숲에서 발생한다.

갓 지름 5~10㎝ 자루 길이 6~12㎝ 시기 여름~가을 장소 침엽수림 내의 부엽토 위

주름살 간격은 촘촘하다.

갓 표면에는 흑갈색에 섬유모양인 비늘이 덮여 있다.

상처가 나면 붉은색으로 변한다.

실비듬주름버섯
Agaricus augustus

주름버섯과

식용버섯

갓 지름 10~20㎝ 자루 길이 7~13㎝ 시기 여름~가을 장소 숲 속의 부엽토 위

어린 버섯

갓 표면에는 비교적 큰 적갈색 비늘이 붙어 있다.

갓 표면은 전체적으로 연노란색이다.

턱받이는 큰 흰색 막질이다.

상처가 나면 밝은 노란색으로 변한다.

애기흰주름버섯
Agaricus niveolutescens

주름버섯과
식용버섯

갓 지름 2~4㎝ 자루 길이 2.5~4㎝ 시기 여름~가을 장소 숲 속의 부엽토 위

갓 표면은 미세한 흰색 섬유모양이고 만지면 노란색으로 변한다.

자루 표면은 무엇에 닿거나 상처가 나면 노란색을 띤다.

주름살은 흰색에서 자갈색으로 변해 가고 간격은 촘촘하다.

음란주름버섯
Agaricus impudicus

갓 지름 2~12㎝ 자루 길이 5~14㎝ 시기 여름~가을 장소 숲 속의 땅 위

어린 버섯

갓 표면은 암갈색 비늘로 두껍게 덮여 있다.

갓 표면 가운데는 색이 짙다.

Scale:5.000um

주름살은 흰색~분홍색~자갈색으로 변해 가고 간격은
매우 촘촘하다.

포자 크기 5~6.3×3.2~4.3㎛

318

주름버섯
Agaricus campestris

갓 지름 5~10㎝ 자루 길이 5~10㎝ 시기 봄~가을 장소 풀밭, 잔디밭, 공원 등의 땅 위

갓 표면은 흰색~연한 황토색으로 변하는 섬유모양 비늘로 덮여 있다.

주름살은 흰색~분홍색~자갈색으로 변해 가고 간격은 매우 촘촘하다.

진갈색주름버섯
Agaricus subrutilescens

갓 지름 4~8㎝ 자루 길이 3~8㎝ 시기 여름~가을 장소 숲 속의 부엽토 위

어린 버섯

자루 아래쪽 표면은 솜 찌꺼기모양 비늘로 덮여 있다.

어린 버섯의 갓 표면

갓 표면에는 들러붙은 흑갈색 비늘이 있다.

자루는 상처가 나도 변색되지 않는다.

주름살 간격은 촘촘하다.

흰주름버섯
Agaricus arvensis

갓 지름 5~14㎝ 자루 길이 5~15㎝ 시기 여름~가을 장소 숲 속의 부엽토 위

어린 버섯

성숙한 버섯

갓 표면은 흰색에 섬유모양이다.

상처가 나면 연노란색으로 변한다.

턱받이는 흰색 막질이다.

주름살은 흰색에서 자갈색으로 변해 가고 간격은 매우 촘촘하다.

좀주름찻잔버섯
Cyathus stercoreus

갓 지름 0.5㎝ 자루 길이 1㎝ 시기 여름~가을 장소 퇴비를 준 밭, 부식된 토양, 기름진 땅 위

어린 버섯. 긴 컵모양이다.

막이 찢어진 후 소피자가 드러난다.

포자가 있는 소피자는 검은색이다.

무리를 이루어 발생한다.

안쪽 표면이 매끄럽다.

주름찻잔버섯
Cyathus striatus

갓 지름 0.6~0.8㎝ 자루 길이 0.8~1.2㎝ 시기 여름~가을 장소 썩은 나뭇가지, 부엽토, 썩은 낙엽 위

어린 버섯. 긴 컵모양이다.

성숙하면 흰색 막이 찢어진다.

바깥 면은 긴 황갈색 털로 덮여 있다.

안쪽 표면이 주름져 있다.

포자가 있는 소피자는 회흑갈색이다.

새둥지버섯
Nidula niveotomentosa

갓 지름 0.5~0.8㎝ **자루 길이** 1㎝ **시기** 여름~가을 **장소** 깊은 산속 침엽수의 잔가지 위

외부 표면은 흰색 털로 덮여 있다.

침엽수(전나무)의 잔가지 위에서 발생한다.

포자를 지닌 소피자는 갈색을 띤다.

잔피막흑주름버섯
Melanophyllum haematospermum

갓 지름 1~2.5㎝ **자루 길이** 2~4㎝ **시기** 봄, 가을 **장소** 숲 속의 부엽토, 불탄 자리, 정원, 화단 등

갓 표면은 회갈색 바탕에 흑회색 가루로 덮여 있다.

자루 표면은 포도주 빛이 도는 분홍색을 띠고 가루로 덮여 있다.

주름살은 분홍색에서 자갈색으로 변해 가고 간격은 약간 촘촘하다.

큰갓버섯
Macrolepiota procera

갓 지름 8~20㎝ 자루 길이 15~30㎝ 시기 초여름~가을 장소 숲 속, 공원, 잔디밭, 풀밭, 목장, 대나무밭 등

어린 버섯

성장기의 버섯

성숙한 버섯

갓 표면은 적갈색, 암회갈색이지만 성장하면서 갈라져
비늘로 남고 흰색 바탕이 드러난다.

턱받이는 고리모양이고 주름살 간격은 촘촘하다.

독흰갈대버섯
Chlorophyllum neomastoidea

갓 지름 8~10㎝ **자루 길이** 8~12㎝ **시기** 여름~가을 **장소** 대나무밭, 숲 속의 땅 위

어린 버섯

늙은 버섯

고리모양 턱받이가 있고 주름살 간격은 촘촘하다.

상처가 나면 붉게 변한다.

갓 표면은 성장하면서 흰색 속살이 드러나고 꽃잎모양 표피가 남는다.

치마버섯
Schizophyllum commune

갓 지름 1~3㎝ 자루 길이 자루 없음 시기 1년 내내 장소 활엽수, 침엽수의 말라 죽은 나무나 토막, 그루터기 등

어린 버섯

어린 버섯의 주름살

갓 표면은 회백색 털로 덮여 있다.

주름살은 연분홍색에서 자주색으로 변해 가며 간격은 촘촘하다.

눈 쌓인 겨울에도 발생한다.

모과나무 열매에서도 발생했다.

귀신그물버섯(솜귀신그물버섯)

Strobilomyces strobilaceus

그물버섯과

식용버섯 · 약

갓 지름 5~10㎝ 자루 길이 6~15㎝ 시기 여름~가을 장소 활엽수림, 침엽수림 내의 땅 위

어린 버섯

성숙한 버섯

갓 표면에서는 큰 사마귀모양 인편 사이로 흰색 속살이 보인다.

갓 가장자리에 내피막 조각이 두텁게 붙어 있다.

상처가 나면 붉은색을 거쳐 검은색으로 변한다.

자루 표면에는 긴 회갈색 솜털이 덮여 있다.

반벗은귀신그물버섯(회갈색귀신그물버섯)

그물버섯과
식용버섯

Strobilomyces seminudus

갓 지름 3~7㎝ 자루 길이 4~15㎝ 시기 여름~가을 장소 활엽수림, 혼합림 내의 땅 위

어린 버섯

갓 표면에 비늘이 들러붙은 모양이다.　　　자루 표면에는 회갈색 솜털이 덮여 있다.

털귀신그물버섯(솔방울귀신그물버섯)
Strobilomyces confusus

갓 지름 3~10㎝ 자루 길이 5~10㎝ 시기 여름~가을 장소 침엽수림, 혼합림 내의 땅 위

성장기의 버섯

갓 표면에는 뿔모양인 섬유질 비늘이 덮여 있다.

주로 침엽수림에서 발생한다.

늙은 버섯. 전체가 거의 검은색을 띤다.

귀신그물버섯속 버섯은 공통적으로 상처가 나면 붉은색을 거쳐 검은색으로 변한다.

그물버섯아재비

그물버섯과

Boletus reticulatus

식용버섯

갓 지름 5~20㎝ 자루 길이 8~14㎝ 시기 여름~가을 장소 활엽수림 내의 땅 위

어린 버섯

어린 버섯은 갓 표면이 흑갈색을 띤다.

성숙한 버섯

오래되면 갓 표면은 황갈색으로 변한다.

자실층은 녹황색 관공으로 되어 있고 구멍이 작아서 밀도가 매우 촘촘하다.

자루 표면에는 융기한 그물무늬가 있다.

반청왕그물버섯
Boletus obscureumbrinus

갓 지름 5~20㎝ 자루 길이 5~12㎝ 시기 여름~가을 장소 활엽수림, 혼합림 내의 땅 위

갓 표면은 흑갈색을 띤다.

어린 버섯, 자루 표면은 황갈색을 띠고 매끄럽다.

갓 표면은 벨벳 같은 질감이고 오래되면 황갈색으로 변한다.

자루 표면에 갈색 얼룩이 있다.

자실층은 녹황갈색을 띠고 구멍 밀도는 매우 촘촘하다.

살(조직) 각 부분은 청록색이고 자루는 변색이 거의 없으며 기부 쪽에 상처가 나면 붉은색을 띤다.

밤꽃그물버섯
Boletus pulverulentus

갓 지름 3~10㎝   자루 길이 4~9㎝   시기 여름~가을   장소 활엽수림, 침엽수림 내의 땅 위

어린 버섯

성장기의 버섯

갓 표면은 황록갈색에서 흑갈색으로 변해 가고 벨벳 같은 질감이다.

자실층은 노란색에서 황록갈색으로 변해 가고 구멍 밀도는 약간 촘촘하다.

살(조직)은 상처가 나면 청록색으로 급변한다.

분홍그물버섯
Boletus bicolor

그물버섯과

식용버섯

갓 지름 4~12㎝ 자루 길이 4~10㎝ 시기 여름~가을 장소 활엽수림, 침엽수림 내의 땅 위

갓 표면은 분홍빛이 도는 붉은색을 띤다.

자루 표면 위쪽은 노란색, 아래쪽은 분홍이 도는 붉은색을 띤다.

암갈색그물버섯
Boletus umbriniporus

그물버섯과

식독불명

갓 지름 4~9㎝ 자루 길이 4~8㎝ 시기 여름~가을 장소 활엽수림 내의 땅 위

자루 아래쪽 살(조직)은 적갈색을 띤다.

갓 표면은 벨벳 같은 질감으로 건조하고 짙은 갈색을 띤다.

관공 면은 황적갈색을 띠고 상처가 나면 곧 푸른색으로 변한다.

붉은그물버섯
Boletus fraternus

갓 지름 4~7㎝ 자루 길이 3~6㎝ 시기 초여름~가을 장소 활엽수림, 공원, 풀밭, 잔디밭 내의 땅 위

어린 버섯, 갓 표면은 주름져 있다.

어린 버섯

자루 표면은 붉은색을 띠고 세로로 된 무늬가 있다.

성숙한 버섯

오래되면 갓 표면은 색이 바래고 갈라진다.

자실층은 황록색을 띠고 상처가 나면 청록색으로 급변한다.

붉은대그물버섯
Boletus erythropus

그물버섯과

식용버섯 · 독

갓 지름 5~15㎝ **자루 길이** 5~12㎝ **시기** 여름~가을 **장소** 활엽수림, 침엽수림 내의 땅 위

어린 버섯

성숙한 버섯

갓 표면은 암갈색에서 적갈색으로 변해 간다.

자루 표면은 미세한 적갈색 인편으로 덮여 붉은색으로 보이고, 약간 세로로 된 줄무늬가 있다.

자실층 면은 적갈색을 띤다.

살(조직)은 상처가 나면 흑청색으로 급변한다.

빨간구멍그물버섯
Boletus subvelutipes

갓 지름 5~13㎝ 자루 길이 5~14㎝ 시기 여름~가을 장소 활엽수림, 침엽수림 내의 땅 위

자실층 면은 붉은색을 띤다.

살(조직)은 상처가 나면 전체가 푸른색으로 급변한다.

어린 버섯

갓 표면은 적갈색에서 암갈색 내지는 황갈색으로 변해 간다.

자루 표면은 미세한 적갈색 인편으로 덮어 붉은색으로 보인다.

산속그물버섯아재비
Boletus pseudocalopus

갓 지름 4~15㎝ 자루 길이 5~13㎝ 시기 여름~가을 장소 활엽수림, 혼합림 내의 땅 위

어린 버섯

어린 버섯

어릴 때 갓 표면은 연한 적갈색이었다가 황갈색으로 변해 간다.

상처가 나면 엷게 푸른색으로 변한다.

자실층과 자루가 자연스럽게 이어져 있다.

산지그물버섯
Boletus subtomentosus

갓 지름 3~10㎝ 자루 길이 5~12㎝ 시기 여름~가을 장소 활엽수림, 혼합림 내의 땅 위

갓 표면은 적갈색, 황갈색, 녹갈색 등으로 다양하다.

건조할 때 갓 표면은 크게 갈라진다.

자루 표면은 노란색을 띠고 위쪽에는 짧지만 넓은 그물무늬가 있다.

관공은 다각형이고 구멍 밀도는 약간 엉성하다.

수원그물버섯

Boletus auripes

갓 지름 6~15㎝ 자루 길이 7~12㎝ 시기 여름~가을 장소 활엽수림 내의 땅 위

자루 표면에는 융기한 그물무늬가 있는 것도 있고 없는 것도 있다.

어린 버섯

성장기의 버섯

갓 표면은 밝은 갈색에서 황갈색으로 변해 간다.

자루 표면은 노란색을 띤다.

자실층은 오랫동안 백황색 균사로 덮여 있다.

흑갈색그물버섯
Boletus hiratsukae

갓 지름 6~13㎝ 자루·길이 5~9㎝ 시기 여름~가을 장소 침엽수림 내의 땅 위

어린 버섯

어릴 때 갓 표면은 검은색에서 흑갈색으로 변해 간다.

자루 표면은 흑갈색을 띤다.

자루 표면에는 융기한 그물무늬가 있다.

흑변그물버섯(검은산그물버섯)
Boletus nigromaculatus

갓 지름 2~7㎝ 자루 길이 2~5㎝ 시기 여름~가을 장소 침엽수림, 혼합림 내의 땅 위

어린 버섯

갓 표면은 알갱이모양으로 갈라진다.

갓 표면은 건조하고 흑갈색에서 갈색~진흙색으로 변해 간다.

자실층은 녹황색이며 구멍은 다각형이고 밀도는 엉성하다.

상처가 나면 붉은색~푸른색을 거쳐 검은색으로 변한다.

342

흑자색그물버섯(가지색그물버섯)

Boletus violaceofuscus

그물버섯과
식용버섯

갓 지름 5~10㎝ 자루 길이 5~9㎝ 시기 여름~가을 장소 활엽수림, 혼합림 내의 땅 위

갓 표면에는 얼룩무늬가 생길 때도 있다.

자루 표면은 갓과 같은 색이고 융기한 그물무늬가 있다.

갓 표면은 어릴 때 황갈색에서 자주색~흑자색~흑갈색을 띤다.

등색껄껄이그물버섯(참나무껄껄이그물버섯)

Leccinum aurantiacum

그물버섯과
식용버섯

갓 지름 5~15㎝ 자루 길이 6~12㎝ 시기 여름~가을 장소 활엽수림 내의 땅 위

자실층인 관공은 상처가 나면 흑자색으로 변한다.

자루 표면은 녹슨 색~적갈색 또는 검은색인 거친 인편으로 덮여 있다.

갓 표면은 오렌지 빛이 도는 갈색에서 적갈색 또는 황갈색으로 변해 간다.

말목껄껄이그물버섯

Leccinum subradicatum

갓 지름 4~6㎝ 자루 길이 7~9㎝ 시기 여름~가을 장소 활엽수(주로 사시나무)림 내의 땅 위

어린 버섯

기부가 뿌리모양으로 가늘어진다.

자루 표면에는 도드라진 진한 회갈색 인편이 덮여 있다.

갓 표면은 어릴 때 흰색에서 연갈색으로 변해 가고 때로는 회갈색으로 변하기도 한다.

자실층은 흰색에서 연노란색~황갈색으로 변해 간다.

접시껄껄이그물버섯
Leccinum extremiorientale

갓 지름 10~25㎝ 자루 길이 5~15㎝ 시기 여름~가을 장소 혼합림 내의 땅 위

어린 버섯

어린 버섯, 건조한 상태

성장하면서 갓 표면이 거북이 등처럼 갈라진다.

자루가 매우 굵다.

가는대남방그물버섯

Boletus violaceofuscus

갓 지름 3~8㎝ 자루 길이 5~12㎝ 시기 여름~가을 장소 활엽수림, 침엽수림 내의 땅 위

자루와 자실층이 접한 부분이 푹 패었다.

갓 표면은 분홍빛이 도는 붉은색을 띤다.

자실층은 연분홍색을 띤다.

매운그물버섯

Chalciporus piperatus

갓 지름 2~6㎝ 자루 길이 4~10㎝ 시기 여름~가을 장소 활엽수림, 침엽수림 내의 땅 위

갓 표면은 황토갈색을 띠고 습할 때 끈적거린다.

자실층은 오렌지 빛이 도는 갈색에서 녹슨 색으로 변한다.

쓴맛노란대그물버섯
Harrya chromapes

갓 지름 3~10㎝ 자루 길이 6~9㎝ 시기 여름 장소 활엽수림, 침엽수림 내의 땅 위

기부는 밝은 노란색을 띤다.

갓 표면은 흑갈색, 연한 홍색 또는 연한 포도주색 등으로 변화가 심하다.

검은망그물버섯
Retiboletus nigerrimus

갓 지름 5~12㎝ 자루 길이 4~12㎝ 시기 여름~가을 장소 활엽수림 내의 땅 위

자실층은 연한 황회색에서 녹회색으로 변해 간다.

갓 표면은 검은색이다.

자루 표면에는 녹황색 바탕에 융기한 그물무늬가 있다.

노란대망그물버섯(밤색망그물버섯)

Retiboletus ornatipes

갓 지름 4~8㎝ 자루 길이 5~11㎝ 시기 여름~가을 장소 활엽수림 내의 땅 위

어린 버섯

성장기의 버섯

갓 표면은 검은색을 띤 노란색이다.

자루 표면에는 융기한 노란색 그물무늬가 있다.

자실층은 녹황색이고 구멍 밀도는 촘촘하다.

회색망그물버섯
Retiboletus griseus

지름 5~10㎝ 자루 길이 4~10㎝ 시기 여름~가을 장소 혼합림 내의 땅 위

성숙한 버섯

갓 표면은 회색을 띤다.

자루 표면에는 융기한 회색 그물무늬가 있다.

자실층은 회백색이고 구멍 밀도는 매우 촘촘하다.

349

진갈색멋그물버섯(황금씨그물버섯)
Xanthoconium affine

갓 지름 3~8㎝ 자루 길이 5~12㎝ 시기 여름~가을 장소 활엽수림, 침엽수림 내의 땅 위

때때로 갓 표면에 흰색이나 노란색 반점이 생기기도 한다.

성장기의 버섯

자루 표면에는 갈색 바탕에 흰색 줄무늬가 있다.

갓 표면은 갈색에서 황갈색으로 변해 간다.

자루 위쪽 표면은 흰색을 띤다.

자실층은 상처가 나면 갈색으로 변한다.

노란길민그물버섯(청변민그물버섯)
Phylloporus bellus

갓 지름 3~6㎝ 자루 길이 3~7㎝ 시기 여름~가을 장소 활엽수림 내의 땅 위

어린 버섯

어린 버섯의 갓 표면은 암갈색이고 벨벳 같은 질감이다.

성숙한 버섯의 갓 표면은 회갈색을 띤다.

자실층은 길게 내려 붙은 주름살모양이다.

자루는 아래로 갈수록 가늘어진다.

비로드밤그물버섯(노각밤그물버섯)

그물버섯과

Boletellus chrysenteroides

식독불명

갓 지름 3~6㎝ 자루 길이 4~8㎝ 시기 여름~가을 장소 활엽수림, 침엽수림 내의 땅, 썩은 나무 위

많이 썩은 나무에서도 발생한다.

갓 표면은 건조하고 어두운 갈색을 띤다.

자실층은 자루 주변에서 함몰되어 있다.

갓 표면은 벨벳 같은 질감이다.

상처가 나면 푸른색으로 급변한다.

좀노란밤그물버섯

Boletellus obscurecoccineus

갓 지름 3~6㎝ 자루 길이 3~7㎝ 시기 여름 장소 활엽수림, 침엽수림 내의 땅 위

어린 버섯

자루 아래쪽 표면은 분홍색을 띤다.

많이 썩은 나무에서도 발생한다.

갓 표면은 건조하고 짙은 분홍색을 띠며 성장하면서 갈라진다.

자실층은 상처가 나도 변색되지 않고 구멍 밀도는 약간 촘촘하다.

분말그물버섯(갓그물버섯)
Pulveroboletus ravenelii

갓 지름 4~10㎝ 자루 길이 4~10㎝ 시기 여름 장소 활엽수림, 침엽수림 내의 땅 위

어린 버섯

성숙한 버섯

갓 표면은 레몬색에서 점차 갈색에 가까워진다.

자실층을 감싼 내피막이 오랫동안 붙어 있다.

자실층은 상처가 나면 푸른색으로 급변한다.

주홍분말그물버섯(주황갓그물버섯)

Pulveroboletus auriflammeus

그물버섯과

식독불명

갓 지름 2~5㎝ **자루 길이** 3~5㎝ **시기** 여름~가을 **장소** 활엽수림, 혼합림 내의 땅 위

전체가 밝은 오렌지색을 띤다.

호두산그물버섯

Xerocomus hortonii

그물버섯과

식용버섯

갓 지름 5~11㎝ **자루 길이** 4~10㎝ **시기** 여름~가을 **장소** 활엽수림 내의 땅 위

자실층은 녹황색을 띤다.

갓 표면은 심한 요철이 있어 호두껍데
기를 연상시킨다.

붉은테산그물버섯(칠갑산그물버섯)
Xerocomus parvulus

갓 지름 1.5~5㎝ 자루 길이 2~5㎝ 시기 여름~가을 장소 활엽수림 내의 땅 위

때때로 갓 표면 가장자리의 색이 진해 테무늬로 보이기도 한다.

자실층은 밝은 노란색을 띠고 구멍 밀도는 엉성하다.

자실층은 상처가 나도 변색되지 않는다.

적색신그물버섯
Aureoboletus thibetanus

그물버섯과

식용버섯

갓 지름 2.5~6㎝ 자루 길이 4~8㎝ 시기 여름~가을 장소 활엽수림, 혼합림 내의 땅 위

성숙한 버섯

자루 표면에는 갓 표면과 색이 같은 세로로 된 줄무늬가 있다.

어릴 때 자실층은 밝은 노란색을 띤다.

어릴 때 갓 표면은 적갈색에서 갈색으로 변해 간다.

살(조직)은 잘라도 변색되지 않고 신맛이 난다.

Tylopilus plumbeoviolaceus
국내 미기록종

그물버섯과
식독불명

갓 지름 4~10㎝ 자루 길이 4~7㎝ 시기 여름~가을 장소 활엽수림, 침엽수림 내의 땅 위

어린 버섯

어릴 때 갓 표면은 보랏빛이 도는 자주색을 띤다.

어릴 때 자루 표면은 보라색을 띤다.

자루 표면은 점차 갈색으로 변해 간다.

갓 표면도 점차 갈색으로 변해 간다.

자실층은 어릴 때 흰색에서 점차 분홍색에 가까워진다.

끈적쓴맛그물버섯
Tylopilus castaneiceps

갓 지름 2.5~6㎝ 자루 길이 3.5~8㎝ 시기 여름~가을 장소 활엽수림 내의 땅 위

갓 표면은 황갈색이고 습할 때는 매우 끈적거린다.

자루 표면에는 노란색 얼룩이 생긴다.

자루 표면에는 융기한 그물무늬가 있다.

자실층은 분홍색을 띤다.

녹색쓴맛그물버섯

Tylopilus virens

갓 지름 4~6㎝ 자루 길이 6~9㎝ 시기 여름~가을 장소 혼합림 내의 땅 위

어린 버섯

성숙한 버섯

갓 표면은 녹황색을 띠고 약간 주름져 있다.

자실층은 연분홍색을 띤다.

기부는 노란색을 띤다.

녹슨쓴맛그물버섯
Tylopilus alkalixanthus

갓 지름 4~9㎝ 자루 길이 5~10㎝ 시기 여름~가을 장소 활엽수림, 혼합림 내의 땅 위

어린 버섯

성숙한 버섯

자루 표면에는 갈색 얼룩이 생길 때도 있다.

갓 표면은 벨벳 같은 질감이고 붓으로 그은 듯한 무늬가
생기기도 한다.

자실층은 연분홍색을 띤다.

미친쓴맛그물버섯
Tylopilus fumosipes

그물버섯과

식독불명

갓 지름 3~8㎝ 자루 길이 5~12㎝ 시기 여름~가을 장소 활엽수림, 혼합림 내의 땅 위

어린 버섯

성숙한 버섯

갓 표면은 성숙하면서 갈라져 흰색 살이 드러난다.

자실층은 연한 분홍색이고 상처가 나면 청록색으로 변한다.

살(조직)은 자르면 옥색으로 변한다.

362

융단쓴맛그물버섯
Tylopilus alboater

갓 지름 4~13㎝ 자루 길이 5~10㎝ 시기 여름~가을 장소 혼합림 내의 땅 위

어린 버섯

자루 표면은 점차 검은색으로 변해 간다.

성숙한 버섯. 갓 표면은 미세한 융털로 덮여 있다.

갓 표면은 어릴 때는 흑갈색이었다가 점차 암갈색으로 변해 간다.

자실층은 연노란색이고 상처가 나면 검은색으로 변한다.

살(조직)은 연노란색이고 자르면 붉은색을 거쳐 검은색으로 변한다.

363

은빛쓴맛그물버섯
Tylopilus eximius

갓 지름 5~12㎝ **자루 길이** 4~9㎝ **시기** 여름~가을 **장소** 활엽수림 내의 땅 위

어린 버섯

무리를 이루어 발생한 모습

갓 표면은 밝은 보라색에서 어두운 적갈색으로 변해 간다.

자루 표면은 보랏빛이 도는 회색을 띠고 가는 적갈
색 인편으로 덮여 있다.

자실층은 자갈색을 띤다.

제주쓴맛그물버섯

Tylopilus neofelleus

갓 지름 5~12㎝ 자루 길이 6~11㎝ 시기 여름~가을 장소 활엽수림, 혼합림 내의 땅 위

갓 표면은 녹갈색과 보랏빛이 도는 갈색이고 벨벳 같은 질감이다.

자루 꼭대기는 색이 밝다.

자루 표면은 연한 자갈색을 띤다.

자실층은 연한 자주색에서 포도색으로 변해 간다.

진갈색쓴맛그물버섯
Tylopilus porphyrosporus

그물버섯과

식독불명

갓 지름 4~8㎝ 자루 길이 6~14㎝ 시기 여름~가을 장소 침엽수림 내의 땅 위

갓 표면은 어두운 갈색이고 벨벳 같은 질감이다.

자루 표면도 어두운 갈색을 띤다.

침엽수림 내에서 발생한다.

자실층은 초콜릿색을 띤다.

살(조직)은 흰색을 띠고 변색되지 않는다.

큰구멍쓴맛그물버섯

Tylopilus rigens

갓 지름 5~14㎝ 자루 길이 6~10㎝ 시기 여름~가을 장소 활엽수림 내의 땅 위

어린 버섯

성숙한 버섯

갓 표면은 어두운 녹갈색을 띤다.

갓 표면은 어두운 녹갈색을 띤다.

자루 표면은 흑갈색으로 지저분해 보인다.

자실층은 녹황갈색으로 지저분해 보인다.

흑자색쓴맛그물버섯
Tylopilus nigropurpureus

갓 지름 3~8㎝ 자루 길이 3~7㎝ 시기 여름~가을 장소 침엽수림 내의 땅 위

갓 표면은 검은색을 띤다.

살(조직)에 상처가 나면 붉은색을 거쳐 검은색으로
변색된다.

자루 표면에는 융기한 그물무늬가 있다.

흰그물쓴맛그물버섯
Tylopilus valens

갓 지름 5~13㎝ 자루 길이 7~15㎝ 시기 여름~가을 장소 활엽수림, 혼합림 내의 땅 위

갓 표면은 진한 회색에서 회백색으로 변해 간다.

자루 표면에는 융기한 큰 그물무늬가 있다.

자실층은 흰색에서 연한 분홍색으로 변해 가고 구멍 밀도는 매우 촘촘하다.

369

일본연지그물버섯
Heimioporus japonicus

갓 지름 5~8㎝ 자루 길이 6~13㎝ 시기 여름~가을 장소 혼합림 내의 땅 위

어린 버섯

갓 표면은 분홍빛이 도는 붉은색을 띤다.

기부는 부풀어 있다.

자루 표면에는 붉은색 그물무늬가 있다.

자실층은 노란색을 띠고 상처가 나도 변색되지 않는다

털밤그물버섯(주름망그물버섯)
Frostiella russellii

갓 지름 1~10㎝ 자루 길이 6~15㎝ 시기 여름~가을 장소 활엽수림, 혼합림 내의 땅 위

자루 표면은 연한 적갈색을 띠고 거칠고 융기한 그물무늬가 있다.

갓 표면은 건조하고 황갈색이나 점차 탈색해 거의 흰색으로 보인다.

먼지헛그물버섯
Pseudoboletus astraeicola

갓 지름 3~5㎝ 자루 길이 4~5㎝ 시기 여름~가을 장소 먼지버섯 위

자실층은 노란색에서 녹갈색으로 변해 가고 상처가 나면 청록색으로 변한다.

먼지버섯의 유균에서 발생한다.

흰둘레그물버섯
Gyroporus castaneus

갓 지름 3~7㎝ 자루 길이 3~7㎝ 시기 여름~가을 장소 활엽수림, 침엽수림 내의 땅 위

갓 표면은 적갈색~주홍색을 띤다.

자실층은 순백색을 띤다.

비단그물버섯
Suillus luteus

갓 지름 5~10㎝ 자루 길이 4~7㎝ 시기 가을 장소 침엽수(소나무)림 내의 땅 위

턱받이가 있다.

소나무숲에서 발생한다.

습할 때 갓 표면은 끈적거리고 적갈색을 띤다.

끈적비단그물버섯(노른자비단그물버섯)

Suillus americanus

갓 지름 3~8㎝ 자루 길이 3~9㎝ 시기 여름~가을 장소 침엽수(잣나무)림 내의 땅 위

잣나무숲에서 발생한다.

갓 표면에는 연갈색~갈색인 섬유모양 비늘이 덮여 있다.

갓 가장자리에는 내피막 조각이 붙어 있다.

자실층은 관공으로 되어 있고 구멍은 약간 벌집모양
이다.

373

녹슨비단그물버섯(녹슬은비단그물버섯)

Suillus viscidus

갓 지름 5~9㎝ 자루 길이 4~8㎝ 시기 여름~가을 장소 침엽수(일본잎갈나무)림 내의 땅 위

어린 버섯. 일본잎갈나무숲에서 발생한다.

성숙한 버섯

갓 표면은 진한 회갈색을 띤다.　　　　　자실층은 회백색을 띤다.

374

붉은비단그물버섯
Suillus pictus

갓 지름 4~10㎝ 자루 길이 3~10㎝ 시기 가을 장소 침엽수(잣나무)림 내의 땅 위

어린 버섯

잣나무숲에서 발생한다.

갓 표면은 섬유모양 비늘로 덮여 있고 붉은색에서 연갈색 으로 변해 간다.

자실층은 상처가 나면 붉은색~갈색으로 변색된다.

젖비단그물버섯
Suillus granulatus

갓 지름 4~10㎝ 자루 길이 4~7㎝ 시기 여름~가을 장소 침엽수(소나무, 스트로브잣나무)림 내의 땅 우

어린 버섯

주로 소나무, 스트로브잣나무숲에서 발생한다.

갓 표면은 매끄럽고 적갈색에서 황갈색으로 변해 간다.

자루 표면은 점모양 인편으로 덮여 있다.

어릴 때 우윳빛 유액을 분비한다.

큰비단그물버섯
Suillus grevillei

갓 지름 4~10㎝ 자루 길이 3~8㎝ 시기 가을 장소 침엽수(일본잎갈나무)림 내의 땅 위

턱받이가 있다.

일본잎갈나무숲에서 발생한다.

자실층은 노란색을 띠고 상처가 나면 갈색
으로 변한다.

평원비단그물버섯
Suillus placidus

갓 지름 4~8㎝ 자루 길이 4~10㎝ 시기 여름~가을 장소 침엽수(잣나무)림 내의 땅 위

갓 표면은 자갈색에서 황갈색~회갈색
으로 변해 간다.

어린 버섯. 잣나무숲에서 발생한다.

자루 표면은 적갈색에 점모양인 인편
으로 덮여 있다.

황금비단그물버섯
Suillus cavipes

갓 지름 3~8㎝ 자루 길이 5~8㎝ 시기 가을 장소 침엽수(소나무)림 내의 땅 위

갓 표면은 적갈색이고 섬유모양 비늘로 덮여 있다.

소나무숲에서 발생한다.

자실층의 구멍은 크고 불규칙한 그물모양 이다.

황소비단그물버섯
Suillus bovinus

갓 지름 3~10㎝ 자루 길이 3~6㎝ 시기 늦여름~가을 장소 침엽수(소나무)림 내의 땅 위

습할 때 갓 표면은 매우 끈적거리고 황갈색을 띤다.

소나무숲에서 발생한다.

관공 구멍은 다각형으로 크고 가장자 리 쪽으로 갈수록 작아진다.

못버섯
Chroogomphus rutilus

갓 지름 1.5~6㎝ 자루 길이 3~10㎝ 시기 여름~가을 장소 침엽수(소나무)림 내의 땅 위

소나무숲에서 발생한다.

갓은 원뿔모양이고 습할 때 표면은 끈적거린다.

주름살은 자루에 내려 붙은 모양이고 간격은 엉성하다.

비단못버섯
Chroogomphus vinicolor

갓 지름 2~8㎝ 자루 길이 5~10㎝ 시기 여름~가을 장소 침엽수(소나무)림 내의 땅 위

못버섯보다 갓 표면 색이 진하다.

갓 표면은 자갈색이고 건조할 때 광택이 난다.

주름살은 자루에 내려 붙은 모양이고 간격은 엉성하다.

갓 지름 4~6㎝ 자루 길이 3~6㎝ 시기 여름~가을 장소 침엽수(소나무)림 내의 땅 위

갓 표면은 연한 주홍색에서 붉은색으로 변해 간다.

어린 버섯. 황소비단그물버섯과 공생한다.

주름살 간격은 엉성하고 턱받이는 불분명한 솜털모양이다.

모래밭버섯
Pisolithus arhizus

어리알버섯과

식용버섯 · 약

갓 지름 2~6㎝ 자루 길이 자루 없음 시기 봄~가을 장소 소나무숲, 잡목림 내의 모래땅 위

기부에는 황갈색에 뿌리모양인 균사가 있다.

표면은 어릴 때 흰색에서 점차 황갈색~갈색으로 변해 간다.

내부는 알갱이모양 입자들로 채워져 있다.

볏짚어리알버섯
Scleroderma flavidum

갓 지름 2~4㎝ 자루 길이 자루 없음 시기 여름 장소 모래땅, 자갈밭, 풀밭, 잔디밭 등의 땅 위

표피는 대체로 노란색이다.

표면은 상처가 나도 변색되지 않는다.

표피는 얇은 편이다.

점박이어리알버섯
Scleroderma areolatum

갓 지름 1~5㎝ 자루 길이 자루 없음 시기 여름~가을 장소 활엽수림 내의 땅 위

표면은 상처가 나면 자갈색으로 변색된다.

성장하면서 표면이 갈라져 점박이모양이 된다.

밤나무 주변에서 많이 발생한다.

양파어리알버섯

Scleroderma cepa

식용버섯 · 약 · 독

갓 지름 2~8㎝ **자루 길이** 자루 없음 **시기** 봄~가을 **장소** 정원, 공원, 길가, 숲 속의 땅 위

표면은 가늘게 갈라지지만 점박이모양은 아니다.

다른 종에 비해서 크다.

기부에는 흰색에 뿌리모양인 균사속이 붙어 있다.

표면은 상처가 나면 진한 자주색으로 변색된다.

어린 버섯의 내부

표피가 두껍고 단단하다.

어리알버섯
Scleroderma verrucosum

갓 지름 2~5㎝ 자루 길이 1~2㎝ 시기 여름~가을 장소 숲 속의 모래땅 위

표면은 상처가 나면 자주색으로 변한다.

자루가 있다.

성장하면서 표면이 갈라져 점박이모양이 된다.

기부에는 흰색에 뿌리모양인 균사속이 붙어 있다.

황토색어리알버섯
Scleroderma citrinum

갓 지름 2~10㎝ 자루 길이 자루 없음 시기 여름~초가을 장소 숲 속의 부엽토, 이끼 긴 땅 위

표면은 처음에는 거칠게 갈라진다.

성숙한 버섯

오래되면 표면은 작은 점모양 인편으로 변한다.

어릴 때 기본체는 흰색에서 자갈색~암갈색으로 변하며
성숙한다.

표피는 두꺼운 편이다.

먼지버섯
Astraeus hygrometricus

먼지버섯과
식독불명 · 약

지름 2~3㎝ 자루 길이 자루 없음 시기 봄~초겨울 장소 숲 속, 등산로 주변, 길가의 비탈진 땅 등 주로 경사진 땅

주로 경사진 땅에 반쯤 묻혀서 발생한다.

성숙하면 6~10개로 갈라져 별모양을 이룬다.

포자

연지버섯
Calostoma japonicum

연지버섯과
식독불명

머리 높이 1~2㎝ 자루 길이 2~3㎝ 시기 여름~가을 장소 숲 속의 맨땅, 비탈진 땅 또는 이끼 사이

꼭대기 가운데에 붉은 별모양인 포자 방출구가 있다.

문어 다리모양인 가짜 자루가 있다.

갓 지름 1~4㎝ 자루 길이 자루 없음 시기 봄~가을 장소 침엽수(소나무)림 내의 땅 위

땅에 반쯤 묻힌 채로 발생한다.

공기에 노출된 부분은 황갈색~적갈색 때로는 회갈색을 띤다.

기부에는 실모양 균사가 붙어 있다.

어린 버섯

어릴 때 내부는 흰색에서 황록색으로 변해 간다.

내부는 작은 미로모양 방으로 되어 있다.

누비이불버섯
Leucogyrophana pseudomollusca

꾀꼬리큰버섯과
식독불명

크기 일정하지 않음 형태 배착생 시기 여름~가을 장소 침엽수의 죽은 줄기 위

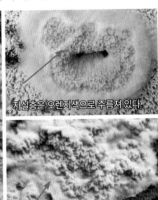

자실층은 오렌지색으로 주름져 있다.

썩어 가는 침엽수의 죽은 줄기 위에 발생했다.

가장자리는 흰색 솜털모양이다.

큰버짐버섯(흰둘레분칠버섯)
Coniophora arida

버짐버섯과
식독불명

크기 일정하지 않음 형태 배착생 시기 여름~가을 장소 활엽수림, 침엽수림의 죽은 줄기 위

가장자리는 흰색이다.

자실층은 황갈색에서 황록갈색으로 변하며 솜털모양이다.

우단버섯(주름우단버섯)
Paxillus involutus

갓 지름 4~10㎝ 자루 길이 3~8㎝ 시기 여름~가을 장소 활엽수림, 침엽수림 내의 땅 위

어린 버섯

성숙한 버섯

갓 표면 가장자리에는 적갈색~흑갈색이고 들러붙은 인편이 있다.

상처가 나면 갈색으로 변한다.

살(조직)은 연노란색이고 육질이 연하다.

갓 지름 3~8㎝ 자루 길이 1.5~6㎝ 시기 여름~가을 장소 활엽수림, 침엽수림 내의 땅 위

어린 버섯의 갓 표면은 갈색에 가깝다.

성숙하면 갓 표면은 밝은 노란색을 띤다.

주름살 간격은 약간 엉성하다.

큰 주름살 사이사이는 작은 주름살로 연결되어 있다.

붉은꾀꼬리버섯
Cantharellus cinnabarinus

갓 지름 2~4㎝ 자루 길이 2~5㎝ 시기 여름~가을 장소 활엽수림, 혼합림 내의 땅 위

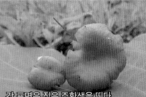

갓 표면은 짙은 주황색을 띤다.

주름살은 자루에 길게 내려 붙은 모양이고 간격은 엉성하다.

애기꾀꼬리버섯
Cantharellus minor

갓 지름 0.5~2㎝ 자루 길이 2~3㎝ 시기 여름~가을 장소 숲 속의 땅 위

꾀꼬리버섯과 유사하나 크기가 작다.

갓 표면은 매끄럽고 노란색을 띤다.

회색꾀꼬리버섯
Cantharellus cinereus

꾀꼬리버섯과
식용버섯

갓 지름 2~4㎝ 자루 길이 3~4㎝ 시기 여름~가을 장소 숲 속의 땅 위

갓 표면은 회갈색을 띠고 가운데가 자루 끝까지 뚫려 있다.

주름살은 푸른색이 도는 회백색을 띠고 연결 주름살이 있다.

꼬마나팔버섯
Pseudocraterellus undulatus

꾀꼬리버섯과
식용버섯

갓 지름 1.5~3㎝ 자루 길이 2~3.5㎝ 시기 여름~가을 장소 숲 속의 평탄한 땅, 공원 등의 이끼 낀 땅 위

어린 버섯

갓 표면은 회갈색을 띠고 가운데는 약간 오목하며 면이 고르지 않다.

주름살은 회백색을 띠고 불분명하게 융기해 있다.

갈색털뿔나팔버섯
Craterellus lutescens

갓 지름 1~3㎝ 자루 길이 2~4㎝ 시기 여름~가을 장소 침엽수(소나무)림 내의 땅 위

주름살은 불분명하게 융기해 있다.

갓 표면은 갈색 섬유 내지는 털로 덮여 있다.

뿔나팔버섯
Craterellus cornucopoides

갓 지름 1~5㎝ 전체 높이 5~10㎝ 시기 여름~가을 장소 활엽수림, 침엽수림, 혼합림 내의 땅 위

갓 가운데는 기부 끝까지 뚫려 있다.

갓 표면은 흑갈색을 띠고 가는 비늘로 덮여 있다.

갓 아랫면의 자실층은 회청백색을 띠고 주름 없이 매끄럽다.

볏싸리버섯
Clavulina coralloides

볏싸리버섯과

식용버섯

크기 2~6㎝ 시기 여름~가을 장소 숲 속의 땅 위

가지 끝은 뾰족하게 여러 갈래로 갈라진다.

신선할 때는 크림색을 띠다가 오래되면
회색빛이 짙어진다.

자주색볏싸리버섯
Clavulina amethystinoides

볏싸리버섯과

식독불명

크기 3~8㎝ 시기 여름~가을 장소 활엽수림 내의 땅 위

마르고 오래된 버섯

자실체 표면은 연한 자주색을 띠다가 퇴색한다.

가지 끝은 갈라지기도 하고 하나로 곧게
자라기도 한다.

393

주름볏싸리버섯
Clavulina rugosa

높이 3~6㎝ 시기 여름~가을 장소 공원, 길가, 정원 등의 이끼 낀 땅 위

공원에서 흔히 볼 수 있다.

큰 무리를 이루어 발생한다.

자실체는 흰색이고 표면은 주름져 있다.

회색볏싸리버섯
Clavulina cinerea

볏싸리버섯과

식용버섯

높이 2~10㎝ 시기 여름~가을 장소 활엽수림, 침엽수림 내의 땅 위

자실체는 연한 자줏빛이 도는 황갈색을 띠다가 회자색으로 변한다.

가지 끝이 갈라지지 않는다.

턱수염버섯

Hydnum repandum

갓 지름 2~8㎝ 자루 길이 3~6㎝ 시기 여름~가을 장소 침엽수림, 혼합림 내의 땅 위

어린 버섯

성숙한 버섯

갓 표면은 황갈색을 띤다.

자실층은 긴 침모양이다.

갓 표면이 흰색인 개체로 흰턱수염버섯이라 불리던 변종이다.

단풍분필고약버섯
Dendrothele alliacea

크기 0.5~1㎝ **형태** 배착성 **시기** 1년 내내 **장소** 활엽수의 살아 있는 줄기 껍질 표면 위

나무껍질 위에 발생하고 가장자리에는 뚜렷한 경계가 있다.

분필을 칠해 놓은 듯한 질감이다.

분홍변색고약버섯
Erythricium laetum

크기 일정하지 않음 **형태** 배착성 **시기** 1년 내내 **장소** 활엽수, 침엽수의 죽은 줄기 위

점차 탁한 흰색이 진해진다.

신선할 때 분홍색을 띤다.

포자가 생성되는 자실층인 표면은 그물 모양이다.

털가는주름고약버섯
Punctularia strigosozonata

고약버섯과
식독불명

갓 지름 3~5㎝ **형태** 반배착생 **시기** 여름~가을 **장소** 활엽수의 죽은 그루터기, 줄기, 가지 위

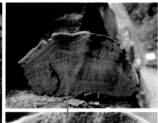

갓 표면은 적갈색을 띠고 짧은 털로 덮여 있다.

자실층은 암갈색에서 흑갈색으로 변해 가고 심하게 주름져 있다.

곤약버섯(납작곤약버섯)
Sebacina incrustans

곤약버섯과
식독불명

두께 약 1㎜ **크기** 일정하지 않음 **시기** 여름~가을 **장소** 살아 있거나 죽은 식물의 밑동, 버려진 식물체, 맨땅 위

일정한 모양 없이 기주 표면에 밀랍질로 퍼져 나간다.

살아 있는 초본식물 위에 발생한 모습

버려진 잔가지 위에 발생한 모습.
끝이 닭볏모양일 때가 많다.

목도리방귀버섯
Geastrum triplex

방귀버섯과
식독불명 · 약

유균 크기 3~4㎝   전체 크기 5~10㎝   시기 여름~가을   장소 숲 속의 부엽토 위

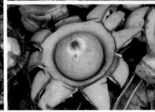

외피 표면은 회녹색을 띤다.

세로로 찢어진 외피는 오래되면 가로로 찢어진다.

방귀버섯속 버섯 중에서는 큰 편에 속한다

애기방귀버섯
Geastrum mirabile

방귀버섯과
식독불명

유균 크기 0.5~1㎝   전체 크기 2~4㎝   시기 여름~가을   장소 활엽수림, 침엽수림 내의 부엽토 위

방귀버섯속 버섯 중에서 제일 작다.

외피 표면은 적갈색을 띤다.

술병방귀버섯
Geastrum lageniforme

유균 크기 1~4㎝ 전체 크기 3~5㎝ 시기 여름~가을 장소 숲 속의 부엽토 위

외피 표면은 연갈색을 띤다.

공연반 가장자리의 원좌는 선명하다.

포자 방출구(원좌) 바깥쪽은 원뿔모양으로 돌출된다.

테두리방귀버섯
Geastrum fimbriatum

유균 크기 1~2㎝ 전체 크기 2~3㎝ 시기 여름~가을 장소 숲 속의 부엽토 위

열편은 심하게 아래로 말리고 가로로 쪼개지지 않는다.

공연반은 작고 공연반 가장자리의 원좌는 선명하지 않다.

외피 표면은 황갈색~연한 적갈색을 띤다.

밤갈색조개버섯
Gloeophyllum subferrugineum

갓 지름 2~7㎝ **시기** 여름~가을 **장소** 침엽수의 죽은 그루터기, 줄기, 가지, 토목 용재, 통나무 위

어린 버섯

어린 버섯의 표면은 황갈색을 띤다.

어린 버섯

성숙한 버섯

갓 표면의 기부 쪽은 흑갈색, 가장자리 쪽은 황갈색이
고, 테무늬가 몇 개 있다.

주름살 간격은 조개버섯보다 더 엉성하다.

작은조개버섯
Gloeophyllum trabeum

갓 지름 3~5㎝ 시기 1년 내내 장소 침엽수의 죽은 그루터기, 줄기, 가지, 토목용재 , 통나무 위

습할 때 갓 표면은 적갈색을 띤다.

마르면 갓 표면은 황갈색~황토색으로 변한다.

자실층의 구멍은 작고 길며 미로모양으로 간격은 촘촘하다.

자실층은 연갈색에서 갈색으로 변해 간다.

조개버섯
Gloeophyllum sepiarium

조개버섯과
식독불명

갓 지름 4~10㎝ 시기 여름~가을 장소 침엽수의 죽은 그루터기, 줄기, 가지, 토목 용재, 통나무 위

어린 버섯

어린 버섯

갓 표면은 어릴 때 황갈색에서 점차 흑갈색으로 변해 간다.

어린 버섯

자실층은 주름살모양이고 백황색에서 갈색으로 변해 간다.

주름살 간격은 밤갈색조개버섯보다 촘촘하다.

붉은나팔버섯(나팔버섯)
Gomphus floccosus

갓 지름 4~12㎝ 자루 길이 10~20㎝ 시기 여름~가을 장소 침엽수림 내의 땅 위

갓 표면은 거친 적갈색 인편으로 덮여 있다.

어린 버섯

자루 표면은 세로로 주름져 있고 기부는 주황색을 띤다.

황토나팔버섯(녹변나팔버섯)
Gomphus fujisanensis

갓 지름 3~8㎝ 높이 5~10㎝ 시기 여름~가을 장소 침엽수림 내의 땅 위

자루 표면은 세로로 주름져 있다.

어린 버섯

갓 표면은 거친 황갈색 인편으로 덮여 있다.

노랑싸리버섯
Ramaria flava

높이 10~20㎝ 너비 7~15㎝ 시기 가을 장소 활엽수림, 침엽수림 내의 땅 위

기부는 굵고 흰색을 띤다.

가지 끝은 보통 2개로 갈라진다.

보라싸리버섯(연기싸리버섯)
Ramaria fumigata

높이 7~15㎝ 너비 5~15㎝ 시기 여름~가을 장소 활엽수림, 혼합림 내의 땅 위

어릴 때는 전체가 연보라색을 띤다.

오래되면 황토색으로 변하고 가지 끝은
2~3개로 갈라진다.

붉은싸리버섯
Ramaria formosa

나팔버섯과

독버섯

높이 5~20㎝ 너비 10~20㎝ 시기 가을 장소 활엽수림 내의 땅 위

어릴 때는 주홍색을 띤다.

성장하면서 분홍색으로 변하고 오래되면
탁한 노란색으로 탈색된다.

싸리버섯
Ramaria botrytis

나팔버섯과

식용버섯 · 독

높이 7~15㎝ 너비 6~20㎝ 시기 여름~가을 장소 침엽수림, 혼합림 내의 땅 위

어린 버섯

가지 끝은 2~4갈래로 갈라지고 분홍빛
이 도는 붉은색을 띤다.

자주색싸리버섯
Ramaria sanguinea

높이 4~12㎝ 너비 4~10㎝ 시기 여름~가을 장소 활엽수림, 혼합림 내의 땅 위

상처가 나면 자주색으로 변한다.

가지 끝은 2~3개로 갈라지고 연노란색을 띤다.

큰밑동황색싸리버섯
Ramaria magnipes

갓 지름 10~25㎝ 자루 길이 15~25㎝ 시기 봄~가을 장소 혼합림 내의 땅 위

밑동이 매우 굵다.

상처가 나면 자주색으로 변한다.

가지 끝은 2개로 거듭 갈라지고 뭉툭하

방망이싸리버섯

Clavariadelphus pistillaris

높이 10~20㎝ 시기 가을 장소 석회질 토양의 활엽수림 내 땅 위

방망이모양이고 세로로 주름져 있다.　　　끝이 뾰족해질 때도 있다.

가지뱅어버섯

Lentaria micheneri

높이 2~4㎝ 시기 여름~가을 장소 활엽수림, 침엽수림 내의 낙엽, 부엽토 위

마른 버섯(늙은 버섯)

어린 버섯　　　　　　　　　　　　　　　가지 끝은 V자로 갈라지고 오랫동안
　　　　　　　　　　　　　　　　　　　흰색을 유지한다.

톱니겨우살이버섯

Coltricia cinnamomea

갓 지름 1~4㎝ 자루 길이 1~4㎝ 시기 여름~가을 장소 혼합림 내의 땅 위

어린 버섯

갓 표면은 광택이 있다.

자실층은 갈색을 띤 다각형 관공이고 구멍 밀도는 촘촘하다.

벌집겨우살이버섯
Coltriciella dependens

크기 0.5~2㎝ 시기 여름~가을 장소 썩어 가는 나무 위

기부는 좁고 자실층 쪽으로 갈수록 넓어진다.

갓 표면은 황갈색 털로 덮여 있다.

자실층은 갈색 관공으로 되어 있고 밀도는 엉성하다.

갓소나무껍질버섯
Hydnochaete tabacinoides

갓 지름 0.5~1.5㎝ 형태 반배착생 시기 봄~가을 장소 활엽수의 죽은 줄기, 가지 위

자실층은 황갈색이고 이빨모양 돌기로 덮여 있다.

갓 표면에는 황갈색, 갈색, 흑갈색 등으로 이루어진 테무늬가 있다.

기와소나무비늘버섯

Hymenochaete intricata

소나무비늘버섯과

식독불명

갓 지름 0.5~2㎝ 형태 반배착생 시기 여름~가을 장소 활엽수의 죽은 줄기, 가지 위

갓 표면은 황갈색에서 적갈색으로 변해 가고 테무늬가 있다.

자실층은 황갈색에서 탁한 갈색으로 변해 가고 평탄하다.

금빛소나무비늘버섯

Hymenochaete xerantica

소나무비늘버섯과

약용버섯

갓 지름 3~10㎝ 시기 여름~가을 장소 활엽수의 죽은 줄기, 가지 위

성장할 때 가장자리는 노란색이다.

갓 표면은 황갈색에서 갈색으로 변해 가고 홈 파인 테무늬가 있다.

자실층은 노란색에서 갈색으로 변해 가고 구멍 밀도는 매우 촘촘하다.

410

황갈색시루뻔버섯
Inonotus mikadoi

갓 지름 2~5㎝ 두께 1~2㎝ 시기 여름~가을 장소 활엽수의 죽은 줄기, 가지 위

여러 개체가 겹쳐서 발생한다.

성장기의 버섯

주로 벚나무에서 발생한다.

갓 표면은 털로 덮여 있고 불분명한 테무늬가 있다.

자실층은 관공으로 되어 있으며, 어릴 때 회색빛 도는 백황색에서 어두운 갈색으로 변해 가고 상처가 나면 갈색으로 변한다.

살(조직)은 황갈색에서 갈색으로 변해 간다.

마른진흙버섯

Phellinus gilvus

갓 지름 3~8㎝ 형태 반배착생 시기 여름~가을 장소 활엽수의 죽은 줄기, 가지 위

성숙한 버섯. 주로 참나무에서 발생한다.

성숙한 버섯의 표면은 갈색을 띠고 울퉁불퉁하다.

여러 개체가 겹쳐서 발생한다.

어린 버섯의 갓 표면은 적갈색을 띠고 거친 털로 덮여 있다.

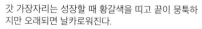

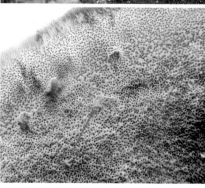

갓 가장자리는 성장할 때 황갈색을 띠고 끝이 뭉툭하지만 오래되면 날카로워진다.

자실층은 관공으로 되어 있고 황갈색에서 갈색으로 변해 가며 구멍 밀도는 매우 촘촘하다.

412

무른흰살버섯
Oxyporus cuneatus

갓 지름 1~5㎝ 형태 반배착생 시기 여름~가을 장소 침엽수의 죽은 줄기, 가지 위

여러 개체가 겹쳐서 발생하고 살(조직)은 연약하다.

주로 이끼 낀 삼나무나 편백나무에서 발생한다.

자실층은 흰색 관공으로 되어 있고 구멍 밀도는 약간 촘촘하다.

흰살버섯
Oxyporus populinus

좀구멍버섯과
식독불명

갓 지름 3~7㎝ 형태 반배착생 시기 1년 내내 장소 활엽수의 죽은 줄기, 가지 위

가장자리가 날카롭다.

여러 개체가 겹쳐서 발생하고 살(조직)은 마르면 단단해진다.

자실층은 여러 층의 관공으로 되어 있고 구멍 밀도는 매우 촘촘하다.

큰구멍흰살버섯
Oxyporus latemarginatus

형태 배착생 시기 여름~가을 장소 활엽수의 죽은 그루터기, 줄기 위

어린 버섯

활엽수의 죽은 그루터기에서 흔하게 발생한다.

자실층은 이빨모양 관공이고 어릴 때 구멍이 매우 크다.

성장을 거듭하면서 덩어리모양이 되기도 한다.

꽃바구니버섯
Clathrus archeri

높이 5~14㎝　너비 4~8㎝　시기 여름　장소 풀밭, 활엽수림, 침엽수림 내의 부엽토 위

보통 팔 4~6개로 이루어져 있다.

기본체(포자)는 안쪽 면에 있다.

성숙하면 알의 외피가 찢어지면서 팔이 나온다.

찐빵버섯
Kobayasia nipponica

지름 3~7㎝　시기 초여름~가을　장소 침엽수림 내의 땅 위

기부에는 뿌리모양 균사가 붙어 있다.

자실체 표면은 흰색이다.

내부는 탁한 녹색~녹갈색 물질로 차 있다.

게발톱버섯
Linderia bicolumnata

높이 3~8㎝ 시기 가을 장소 대나무 숲, 풀밭, 숲 속의 부엽토 위

팔 2개로 이루어져 있고 안쪽 면에 기본체(포자)가 붙어 있다.　　　　늙은 버섯

붉은머리뱀버섯
Mutinus borneensis

높이 5~7㎝ 시기 여름 장소 혼합림 내의 부엽토 위

머리와 자루 두 부분으로 나뉘고 머리 부분에 기본체(포자)가 형성된다.

망태말뚝버섯
Phallus indusiatus

말뚝버섯과

식용버섯 · 약

머리 높이 3~4㎝ 자루 길이 10~20㎝ 시기 여름~초가을 장소 대나무숲 내의 땅 위

머리 부분 표면에 어두운 녹갈색
기본체(포자)가 붙어 있다.

대나무숲에서
발생한다.

노란망태말뚝버섯
Phallus luteus

말뚝버섯과

식용버섯

머리 높이 2.5~3.5㎝ 자루 길이 8~15㎝ 시기 여름~가을 장소 침엽수림, 혼합림 내의 땅 위

머리 부분 표면에 어두운 녹갈색
기본체(포자)가 붙어 있다.

주로 침엽수림 내에서 발생한다.

말뚝버섯
Phallus impudicus

머리 높이 4~8㎝ 자루 길이 3~8㎝ 시기 여름~늦가을 장소 숲 속, 길가, 대나무 숲, 정원 등의 땅 위

알 모양에서 외피가 찢어지며 자실층과 자루가 솟아오른다.

자루와 머리
자실체 내부
자실층
젤라틴질

어린 버섯

냄새로 파리(곤충)를 유인해 포자를 퍼트린다.

붉은말뚝버섯
Phallus rugulosus

말뚝버섯과
식독불명

머리 높이 2~3㎝ 자루 길이 8~15㎝ 시기 여름~가을 장소 숲 속, 길가, 밭 등의 땅 위

머리와 자루의 경계가 명확하게 나뉜다.

세발버섯
Pseudocolus schellenbergiae

말뚝버섯과
식독불명

높이 4~8㎝ 시기 봄~가을 장소 숲 속의 부엽토, 많이 썩은 나무, 낙엽 더미 위

어린 버섯의 내부

팔이 3~4개 있고 그 끝은 붙어 있다가 오래되면 분리된다.

팔 안쪽 면에 기본체(포자)가 붙어 있다.

흰각질구멍버섯
Skeletocutis nivea

구멍장이버섯과

식독불명

갓 지름 1~6㎝ 형태 반배착생 시기 초여름~늦가을 장소 활엽수의 죽은 그루터기, 줄기 위

갓 표면은 어릴 때 흰색에서 점차 짙은 갈색으로 변해 간다.

갓은 선반모양으로 생기기도 한다.

어릴 때는 갓 가장자리가 융기한다.

자실층은 흰색에서 크림색으로 변해 가고 밀도는 매우 촘촘하다.

진홍색간버섯

Pycnoporus coccineus

갓 지름 3~10㎝ 두께 5㎜ 이하 시기 봄~가을 장소 주로 활엽수, 때로는 침엽수의 죽은 그루터기, 줄기, 가지

어린 버섯
갓이 생기기 전의 모습

벚나무, 참나무 등에서 자주 발생하며 주변에서 쉽게 볼 수 있다.

갓 표면은 융털로 덮여 있다가 점차 매끄러워진다.

자실층은 붉은색을 띠고 관공으로 되어 있으며, 밀도는 매우 촘촘하다.

개떡버섯
Tyromyces chioneus

갓 지름 2~10㎝ 형태 반원 또는 부채모양 시기 봄~가을 장소 활엽수의 죽은 그루터기, 줄기, 가지 위

신선한 버섯

갓 표면은 흰색에서 황회색으로 변해 가고 융털로 덮여 있다.

자실층은 크림색 관공으로 되어 있고 밀도는 촘촘하다.

주황개떡버섯
Tyromyces incarnatus

갓 지름 5~15㎝ 두께 1~1.5㎝ 시기 여름~가을 장소 침엽수의 죽은 그루터기, 줄기, 가지 위

갓 표면은 붉은색을 띠고 불분명한 굴곡과 테두늬가 있다.

자실층은 관공으로 되어 있고 구멍 밀도는 촘촘하다.

검은발구멍장이버섯
Polyporus melanopus

갓 지름 2~10㎝ 자루 길이 1.5~5㎝ 시기 여름~가을 장소 활엽수, 침엽수의 죽은 그루터기, 줄기, 가지 위

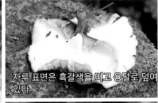

자루 표면은 흑갈색을 띠고 융털로 덮여 있다.

갓은 깔때기모양이고 표면은 회갈색을 띤다.

자실층은 관공으로 되어 있고 구멍 밀도는 매우 촘촘하다.

겨울구멍장이버섯
Polyporus brumalis

구멍장이버섯과

식독불명

갓 지름 1~5㎝ 자루 길이 1~4㎝ 시기 봄~늦가을 장소 활엽수의 죽은 그루터기, 줄기, 가지 위

갓 표면은 황갈색에서 회갈색으로 변해 가고 짧은 털로 덮여 있다.

자실층은 흰색 관공으로 되어 있고 구멍 밀도는 촘촘하다.

노란대구멍장이버섯
Polyporus varius

구멍장이버섯과

식독불명 · 약

갓 지름 2~8㎝ 자루 길이 1~5㎝ 시기 여름~가을 장소 활엽수의 죽은 그루터기, 줄기, 가지 위

자루 아래쪽 표면은 흑갈색이다.

어린 버섯. 갓 표면은 매끄럽고 연한 황갈색을 띤다.

자실층은 원형 관공으로 되어 있고 구멍 밀도는 매우 촘촘하다.

벌집구멍장이버섯
Polyporus alveolarius

갓 지름 2~6㎝ 자루 길이 매우 짧음 시기 봄~가을 장소 활엽수의 죽은 그루터기, 줄기, 가지 위

갓 표면은 밝은 황갈색 내지는 회갈색을 띠고 가는 섬유모양이다.

자실층은 벌집모양이고 구멍 밀도는 매우 엉성하다.

털구멍장이버섯
Polyporus squamosus

갓 지름 10~20㎝ 자루 길이 5~10㎝ 시기 봄~가을 장소 활엽수의 죽은 그루터기, 줄기, 가지 위

갓 표면은 연한 황토색이고 큰 흑갈색 비늘로 덮여 있다.

자루 아래쪽은 흑갈색 털로 덮여 있다.

자실층은 불규칙한 다각형이고 구멍 밀도는 엉성하다.

좀벌집구멍장이버섯
Polyporus arcularius

갓 지름 2~4㎝ 자루 길이 1.5~4㎝ 시기 봄~초여름 장소 활엽수의 죽은 그루터기, 줄기, 가지 위

어린 버섯

갓 표면은 어릴 때 흑갈색에서 회갈색으로 변해 가고 섬유모양이다.

자실층은 벌집모양이고 구멍 밀도는 매우 엉성하다.

구멍집버섯
Poronidulus conchifer

갓 지름 1~4㎝ 자루 길이 매우 짧음 시기 여름~가을 장소 활엽수의 마른 가지 위

어린 버섯

갓 표면 가운데에 융기한 부속물이 생긴다.

자실층은 이빨모양 내지는 침모양이다.

녹황색녹슨송편버섯
Coriolopsis strumosa

갓 지름 3~5㎝ 형태 반원모양, 부채모양 시기 여름~가을 장소 활엽수의 죽은 그루터기, 줄기, 가지 위

갓 표면은 녹황갈색을 띠고 테무늬가 있다.

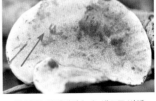

성장할 때 갓 가장자리는 흰색을 띤다.

자실층은 흰색에서 녹슨 색으로 변해 가고 밀도는 매우 촘촘하다.

큰껍질버섯
Lopharia cinerascens

갓 지름 1~2㎝ 형태 반배착생 시기 봄~가을 장소 활엽수의 죽은 줄기, 가지 위

어린 버섯

자실체가 생기고 있다.

자실층은 흰색에서 황갈색~회갈색으로 변해 간다.

자실층은 불규칙한 이빨모양이다.

가장자리가 반전되어 갓이 형성된다.

성숙한 버섯

도장버섯
Daedaleopsis confragosa

갓 지름 4~10㎝ 자루 길이 자루 없음 시기 여름~가을 장소 활엽수의 죽은 줄기, 가지 위

어린 버섯

어린 버섯

버드나무에서 흔히 볼 수 있다.

갓 표면은 황토색에서 갈색으로 변해 가고 주름져 있다.

늙은 버섯

자실층은 어릴 때 원형 관공에서 미로모양~침모양으로 변해 간다.

자실층은 어릴 때 흰색에서 황갈색을 거쳐 흑갈색으로 변해 간다.

갓 지름 2~8㎝ 자루 길이 자루 없음 시기 여름~가을 장소 활엽수의 죽은 그루터기, 줄기, 가지 우

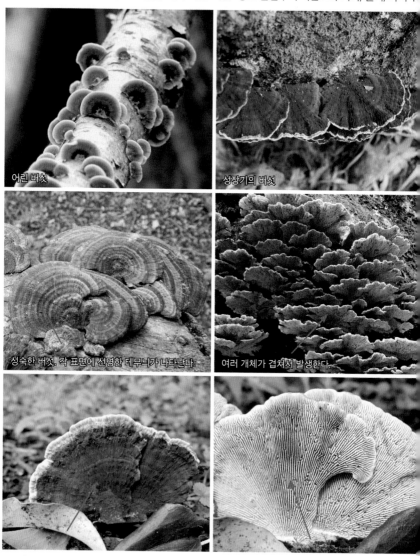

어린 버섯

성장기의 버섯

성숙한 버섯. 각 표면에 선명한 테무늬가 나타난다.

여러 개체가 겹쳐서 발생한다.

표면은 주름져 있어 면이 고르지 않다.

자실층은 주름살모양이고 간격은 촘촘하다.

메꽃버섯붙이
Microporus vernicipes

갓 지름 2~6㎝ 자루 길이 0.5~3㎝ 시기 여름~가을 장소 활엽수의 죽은 줄기, 가지 위

어린 버섯

성숙한 버섯은 갈색을 띤다.

표면에는 희미한 테무늬가 있다.

마른 모습

갓 표면은 노란색에서 갈색을 거쳐 회백색으로 변해 간다.

자실층은 흰색이고 구멍 밀도는 매우 촘촘하다.

자루는 짧고 황갈색이며, 기부는 원반모양이다.

밤털구멍버섯
Cystidiophorus castaneus

식독불명

갓 지름 0.1~0.2cm 형태 배착생 시기 여름~가을 장소 침엽수의 죽은 줄기, 가지 위

주로 소나무 껍질 위에 발생한다.

구멍을 감싸는 벽은 이빨모양이다.

자실층은 황갈색에서 밤색으로 변해 가미
그물눈모양이다.

복령
Wolfiporia extensa

구멍장이버섯과

약용버섯

크기 30cm 이하 시기 1년 내내 장소 벌목한 지 3~10년 된 침엽수의 땅속뿌리

살(조직)은 흰색 균 덩어리로 약간 가루
같은 질감이다.

복령은 복령균의 균핵을 말하며, 둥글거나 고구마처럼 생겼다. 표면은 적
갈색에서 흑갈색으로 변해 간다.

땅속에 쇠꼬챙이를 찔러서 유무를 파악
하고 채취하는 버섯이다.

솔잣버섯(새잣버섯)
Neolentinus lepideus

갓 지름 5~15㎝ 자루 길이 2~8㎝ 시기 늦봄~가을 장소 침엽수의 죽은 그루터기, 줄기, 가지 위

어린 버섯

성숙한 버섯

갓 표면은 연한 황갈색 바탕에 황갈색~갈색 비늘로 덮인다.

갓 표면은 소나무에서는 노란색이, 잣나무에서는 흰색이 더 짙다.

주름살 날은 톱니모양이다.

주름살 간격은 촘촘하다.

구름송편버섯(구름버섯, 운지)

Trametes versicolor

갓 지름 2~5㎝ 자루 길이 자루 없음 시기 여름~가을 장소 활엽수, 침엽수의 죽은 그루터기, 줄기, 가지 위

어린 버섯

성숙한 버섯. 여러 개체가 겹쳐서 발생한다.

기주에 따라서 색깔 차이가 있으며, 표면은 짧은 털로 덮여 있다.

갓 표면은 흑갈색에서 흑회색으로 변해 가고 좁은 테무늬가 있다.

자실층은 어릴 때 흰색에서 회갈색 내지는 탁한 노란색으로 변해 간다.

자실층은 관공으로 되어 있고 구멍 밀도는 매우 촘촘하다.

434

갓 지름 5~15㎝ 자루 길이 1~5㎝ 시기 여름~가을 장소 활엽수의 죽은 그루터기, 줄기, 가지 위

어린 버섯

갓 표면에 희미한 테무늬 같은 융기한 굴곡이 있다.

갓 표면은 어릴 때는 흰색이었다가 점차 회색에 가까워진다.

갓 표면은 오래되면 녹조류로 덮인다.

자실층은 관공으로 되어 있고 방사상으로 긴 모양이다.

벌레송편버섯
Trametes kusanoana

갓 지름 4~8㎝ 형태 자루 없음 시기 여름~가을 장소 활엽수의 죽은 그루터기, 줄기, 가지 위

갓 표면은 거친 털로 덮여 있고 불분명한 테무늬가 있다.

구멍의 날(테두리)은 오래되면 갈라져 짧은 털이 붙은 것처럼 보인다.

자실층은 황갈색에서 밤색으로 변해 가며 그물눈모양이다.

시루송편버섯
Trametes orientalis

갓 지름 5~15㎝ 자루 길이 자루 없음 시기 여름~가을 장소 활엽수의 죽은 그루터기, 줄기, 가지 우

갓 표면에는 불분명한 테무늬가 있고 주름져 있다.

갓 표면은 어릴 때 자줏빛이 도는 연한 회색에서 회백색으로 변해 간다.

자실층인 관공은 흰색에서 백황색으로 변해 가고 밀도는 촘촘하다.

토끼털송편버섯

Trametes trogii

갓 지름 3~9㎝ 자루 길이 자루 없음 시기 여름~가을 장소 활엽수(버드나무과)의 죽은 그루터기, 줄기 위

어린 버섯

어린 버섯

갓 표면은 어릴 때 회백색에서 황갈색으로 변해 간다.

갓 표면은 길고 거친 털로 덮여 있다.

자실층은 서로 겹쳐지고 흰색에서 황회색으로 변해 간다.

437

갓 지름 2~8㎝ **자루 길이** 자루 없음 **시기** 봄~늦가을 **장소** 활엽수의 죽은 그루터기, 줄기, 가지 위

여러 개체가 겹쳐서 발생한다.

갓 표면에서는 거친 흰색 털과 부드러운 털이 교대로 좁은 테무늬를 만든다.

갓 표면은 어릴 때 흰색이었다가 연한 황갈색으로 변하고 녹조류가 발생하기도 한다.

자실층은 관공으로 되어 있고 구멍 밀도는 촘촘하다.

자실층은 흰색에서 연한 황갈색 내지는 연한 자갈색으로 변해 간다.

기와옷솔버섯
Trichaptum fuscoviolaceum

갓 지름 2~4㎝ 자루 길이 자루 없음 시기 여름~가을 장소 침엽수, 활엽수의 죽은 그루터기, 줄기, 가지 위

여러 개체가 겹쳐서 발생한다.

갓 표면은 회색을 띠고 거친 털로 덮여 있다.

자실층은 자주색에서 회갈색으로 변해 가며 이빨모양이다.

소나무옷솔버섯(옷솔버섯)
Trichaptum abietinum

갓 지름 1~2㎝ 자루 길이 자루 없음 시기 여름~가을 장소 침엽수의 죽은 그루터기, 줄기, 가지 위

갓 표면은 회백색을 띠고 짧은 털로 덮여 있다.

녹조류가 발생할 때가 많고 주로 소나무에 겹쳐서 발생한다.

자실층은 자주색에서 황갈색으로 변해 가며 이빨모양이다.

장미자색구멍버섯
Abundisporus roseoalbus

갓 지름 3~10㎝ 자루 길이 말발굽모양 시기 여름~가을 장소 활엽수(주로 참나무)의 죽은 그루터기, 줄기, 가지 위

어린 버섯

신선할 때 갓 표면은 적갈색을 띤다.

갓 표면은 점차 회흑색으로 변해 간다.

자실층은 분홍빛이 도는 포도주색이고 연약하며, 싱처를 내면 짙은 자갈색으로 변한다.

440

조개껍질버섯

Lenzites betulina

갓 지름 2~10㎝ 자루 길이 자루 없음 시기 여름~가을 장소 활엽수, 침엽수의 죽은 그루터기, 줄기, 가지 위

어린 버섯. 갈색과 회색이 교대로 좁은 테무늬를 만든다.

갓 표면은 어릴 때는 갈색이다가 점차 회색에 가까워진다.

여러 개체가 겹쳐서 발생한다.

갓 표면은 거친 털로 덮여 있고 녹조류가 발생할 때가 많다.

주름살은 중간에서 두 갈래로 갈라진다.

자실층은 주름살모양이고 간격은 엉성하다.

때죽조개껍질버섯
Lenzites styracina

갓 지름 2~4㎝ **형태** 반배착생 **시기** 여름~가을 **장소** 활엽수의 죽은 그루터기, 줄기, 가지 위

때죽나무에 겹쳐서 발생한다.

갓 표면은 여러 가지 색으로 홈이 파인 테무늬로 이루어지고 주름져 있다.

자실층은 불완전한 주름살모양이고 간격은 매우 엉성하다.

포도색잔나비버섯
Nigroporus vinosus

갓 지름 4~10㎝ **자루 길이** 자루 없음 **시기** 여름~가을 **장소** 침엽수의 죽은 그루터기, 줄기, 가지 위

갓 표면은 진한 포도주색, 암회색, 자갈색으로 테무늬를 만든다.

자실층은 관공으로 되어 있고 구멍 밀도는 매우 촘촘하며 상처가 나면 짙은 자갈색으로 변한다.

털구름버섯
Cerrena unicolor

갓 지름 1~5㎝ 자루 길이 자루 없음 시기 봄~가을 장소 활엽수의 죽은 그루터기, 줄기, 가지 위

갓 표면은 회백색 내지는 회갈색을 띠고 짧은 털로 덮여 있다.

갓 표면에는 녹조류가 발생할 때가 많다.

여러 개체가 겹쳐서 발생한다.

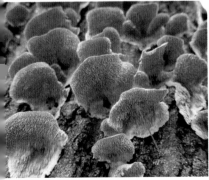

자실층은 회백색에서 회갈색으로 변해 간다.

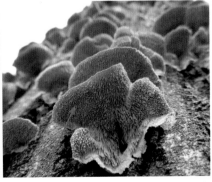

자실층은 어릴 때 미로모양이었다가 침모양으로 변해 간다.

갈색털송편버섯
Funalia polyzona

갓 지름 3~7㎝ 자루 길이 자루 없음 시기 봄~가을 장소 활엽수의 죽은 그루터기, 줄기, 가지 위

어린 버섯. 갓 표면은 황갈색 털로 덮여 있다.

성장하면서 갓 표면의 털은 거의 떨어지고 테무늬가
선명해진다.

성숙한 버섯. 회백색이고 표면에 녹조류가 발생한다.

어릴 때 자실층인 관공은 원형이다.

늙은 버섯

자실층은 오래되면 다각형으로 변한다.

한입버섯
Cryptoporus volvatus

갓 지름 2~4㎝ 자루 길이 자루 없음 시기 봄~가을 장소 침엽수의 죽은 줄기 위

주로 소나무에서 발생한다.

갓 표면은 갈색이고 윤기가 있다.

자실층은 연노란색 막 속에 가려져 있고 성숙
하면 이 막이 찢어지면서 관공 면이 드러난다.

조개참버섯
Panus conchatus

갓 지름 3~10㎝ 자루 길이 2~5㎝ 시기 봄~가을 장소 활엽수의 죽은 그루터기, 줄기, 가지 위

자실층은 주름살모양이고 자주색과
노란색이 섞여 있다.

갓 표면은 자주색에서 갈색으로 변해 가고, 미세한 털로 덮여 있다가 오래
되면 매끄러워진다.

주름살은 자루에 길게 내려 붙은모양
이고, 간격은 엉성하다.

445

금빛흰구멍버섯
Perenniporia subacida

두께 0.3~1㎝ 형태 배착생 시기 1년 내내 장소 침엽수, 활엽수의 죽은 그루터기, 줄기, 가지 위

자실층은 흰색~노란색~연갈색으로 변해 가고 광택이 있다.

자실층은 관공으로 되어 있고 구멍 밀도는 촘촘하다.

밀랍흰구멍버섯
Perenniporia minutissima

갓 지름 3~7㎝ 자루 길이 자루 없음 시기 여름~가을 장소 활엽수의 죽은 그루터기, 줄기, 가지 위

갓 표면은 적갈색이고 면이 고르지 않다.

어린 버섯. 노린재나무에서 발생한다.

자실층은 흰색 관공으로 되어 있고 구멍 밀도는 촘촘하다.

아까시흰구멍버섯(아까시재목버섯)

Perenniporia fraxinea

갓 지름 5~15㎝ 자루 길이 자루 없음 시기 여름~가을 장소 활엽수, 살아 있거나 죽은 침엽수의 그루터기, 줄기 위

갓 표면은 노란색~황갈색~적갈색~흑갈색으로 변해 간다.

표면은 고르지 않고 울퉁불퉁하다.

주로 아까시나무에서 발생한다.

관공의 구멍 밀도는 매우 촘촘하다.

자실층인 관공은 백황색에서 회백색으로 변해 간다.

꽃송이버섯
Sparassis crispa

갓 지름 10~25㎝ 자루 길이 자루 없음 시기 초여름~가을 장소 침엽수의 살아 있거나 죽은 밑동, 그루터기, 줄기 위

자실체는 꽃송이모양 덩어리를 이루고 있다.

어린 버섯

자실층은 꽃잎모양 밑면에 발달한다.

잔나비불로초
Ganoderma applanatum

불로초과

약용버섯

갓 지름 10~50㎝ 두께 1~5㎝ 시기 1년 내내 장소 활엽수의 살아 있거나 죽은 밑동, 그루터기, 줄기 위

보통 반원모양 내지는 말발굽모양을 이룬다.

갓 표면은 포자가 내려앉아 커피색을 띨 때가 많다.

자실층은 상처가 나면 커피색으로 변한다.

불로초(영지)
Ganoderma lucidum

갓 지름 5~15㎝ 자루 길이 3~10㎝ 시기 여름~가을 장소 활엽수(참나무)의 밑동, 그루터기 위

갓 표면은 윤기가 있다.

갓 표면은 백황색~황갈색~적갈색으로 변해 간다.

자실층은 노란색 관공으로 되어 있고 구멍 밀도는 매우 촘촘하다.

자흑색불로초
Ganoderma neojaponicum

갓 지름 3~12㎝ 자루 길이 5~20㎝ 시기 여름~가을 장소 침엽수의 밑동, 그루터기 위

어린 버섯. 불로초보다 짙은 색이다.

갓 표면은 적갈색에서 자갈색으로 변해 간다.

늙은 버섯

기계충버섯
Irpex lacteus

갓 지름 1~2㎝ 형태 반배착생 시기 1년 내내 장소 활엽수의 죽은 그루터기, 줄기, 가지 위

갓 표면은 짧은 털로 덮여 있고 불분명한 테무늬가 있다.

자실층은 이빨모양이고 흰색에서 연한 황갈색으로 변해 간다.

반배착생으로 넓게 발생한다.

서 있는 줄기와 누워 있는 줄기의 발생 형태가 약간 달라 보인다.

자실층은 오래되면 침모양으로 변한다.

송곳니기계충버섯

Irpex consor

갓 지름 1~3㎝ 형태 반배착생 시기 여름~가을 장소 활엽수의 죽은 그루터기, 줄기, 가지 위

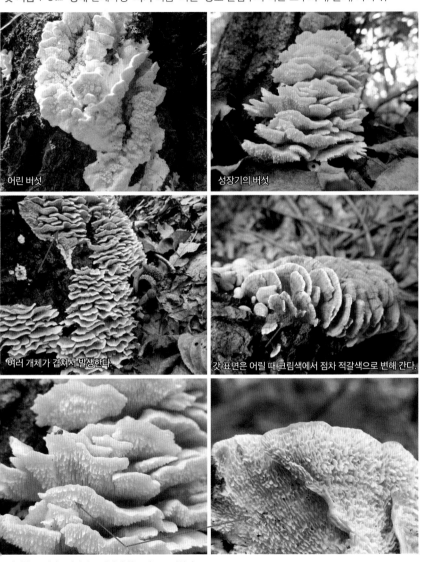

어린 버섯

성장기의 버섯

여러 개체가 겹쳐서 발생한다.

갓 표면은 어릴 때 크림색에서 점차 적갈색으로 변해 간다.

자실층은 이빨모양에서 오래되면 침 모양으로 변한다.

긴송곳버섯(긴이빨송곳버섯)
Radulodon copelandii

침 길이 0.3~1.2㎝ **형태** 배착생 **시기** 봄~늦가을 **장소** 활엽수, 침엽수의 죽은 그루터기, 줄기, 가지 위

자실체는 긴 송곳모양이다.

황금맥수염버섯
Hydnophlebia chrysorhiza

침 길이 0.1~0.4㎝ **형태** 배착생 **시기** 여름~가을 **장소** 활엽수, 침엽수의 죽은 그루터기, 줄기, 가지 위

성장할 때 가장자리는 흰색을 띤다.

기주에 느슨하게 붙어 있다.

자실층은 황적색을 띠고 침모양이다.

겹무른구멍장이버섯
Gloeoporus dichrous

아교버섯과
식독불명

갓 지름 1~4㎝ 형태 반배착생 시기 봄~늦가을 장소 활엽수, 침엽수의 죽은 그루터기, 줄기, 가지 위

갓 표면은 흰색에서 누런색으로 변해 가고 짧은 털로 덮여 있다.

오래되면 녹조류가 발생하기도 하고 가장자리는 불규칙 하다.

여러 개체가 겹쳐서 합쳐지며 퍼져 나간다.

신선할 때 살(조직)은 연약하다.

자실층은 연한 살구색에서 적갈색으로 변해 가고 밀도 는 매우 촘촘하다.

동심바늘버섯

Steccherinum murashkinskyi

갓 지름 2~4㎝ 형태 반배착생 시기 봄~늦가을 장소 활엽수의 죽은 그루터기, 줄기, 가지 위

어린 버섯. 갓 표면이 오렌지 빛이 도는 갈색을 띤다.

성숙하면 갓 표면은 적갈색을 띠고 융기된 테무늬를 만든다.

오래되면 갓 표면은 탁한 황회색 내지는 황갈색으로 변한다.

자실층은 침모양이고 연한 황갈색에서 갈색으로 변해 간다.

454

바늘버섯
Steccherinum ochraceum

갓 지름 1~2㎝ 형태 반배착생 시기 여름~가을 장소 활엽수의 죽은 그루터기, 줄기, 가지 위

어린 버섯

배착면이 반전되어 생긴 갓이 있으며 불분명한 모습이다.

자실층은 연한 살구색이고 침모양이다.

솔바늘버섯(줄바늘버섯)
Steccherinum rhois

갓 지름 2~3.5㎝ 형태 반배착생 시기 봄~가을 장소 활엽수의 죽은 줄기, 가지 위

갓 표면은 회백색이고 거칠 털로 덮여 있다.

자실층은 침모양이고 살구색에서 황갈
색으로 변해 간다.

좀살색구멍버섯
Junghuhnia nitida

아교버섯과
식독불명

크기 20㎝ 정도 형태 배착생 시기 여름~가을 장소 활엽수의 죽은 그루터기, 줄기, 가지 위

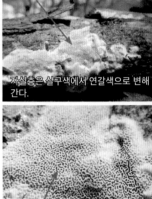

자실층은 살구색에서 연갈색으로 변해 간다.

성장할 때 가장자리는 흰색을 띤다.

구멍은 어릴 때 원형에서 다각형으로 변해 간다.

가는아교고약버섯
Phlebia rufa

아교버섯과
식독불명

크기 일정하지 않음 형태 배착생 시기 봄~가을 장소 활엽수의 죽은 그루터기, 줄기, 가지 위

자실층은 흰색에서 점차 적갈색으로 변해 가고 울퉁불퉁해진다.

자실층은 신선할 때 교차된 주름모양이다

456

노란송곳버섯
Mycoacia aurea

아교버섯과
식독불명

크기 일정하지 않음 형태 배착생 시기 여름~가을 장소 활엽수의 죽은 그루터기, 줄기, 가지 위

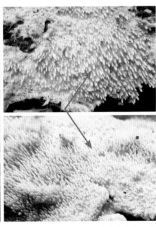

자실층은 침모양이고 크림색에서 황토색으로 변해 간다.

젖은송곳버섯
Mycoacia uda

아교버섯과
식독불명

크기 일정하지 않음 형태 배착생 시기 봄~늦가을 장소 활엽수의 죽은 그루터기, 줄기, 가지 위

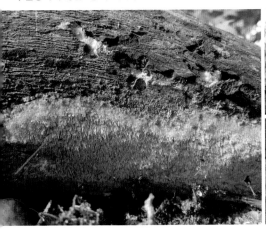

자실층은 침모양이고 밝은 노란색에서 황갈색으로 변해 간다.

자실체는 아교질로 기주에 단단하게 밀착해 있다.

아교버섯

Merulius tremellosus

갓 지름 2~8㎝ **형태** 반배착생 **시기** 여름~가을 **장소** 활엽수, 침엽수의 죽은 그루터기, 줄기, 가지 위

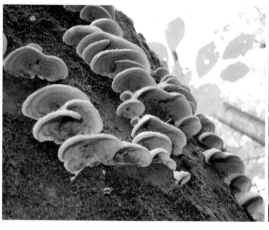

갓 표면은 거친 흰색 털로 덮여 있다.

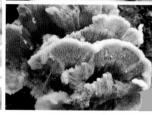

자실층은 불규칙하게 주름져 있고 연노란색에서 오렌지 빛이 도는 갈색으로 변해 간다

종이애기꽃버섯

Stereopsis burtianum

갓 지름 0.5~2㎝ **자루 길이** 1~2㎝ **시기** 여름~가을 **장소** 숲 속의 부엽토 위나 땅에 묻힌 나무조각 위

갓 표면 가운데는 갈색을 띠고 주름져 있으며 희미한 테무늬가 있다.

자실층은 대체로 매끄럽지만 약간 주름져 있다.

적갈색유관버섯
Abortiporus biennis

전체 너비 4~8㎝ 자루 길이 1~5㎝ 시기 여름~가을 장소 활엽수의 그루터기, 땅에 묻힌 나무, 죽은 나무 뿌리 위

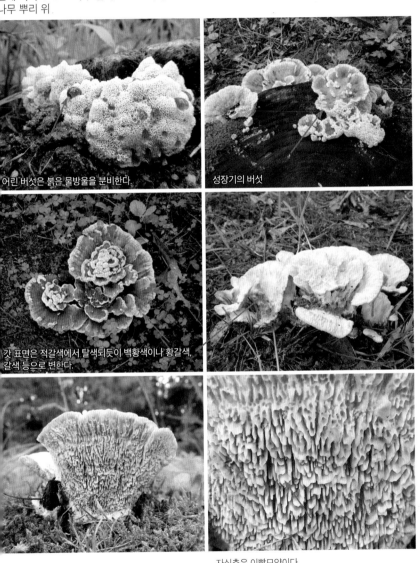

어린 버섯은 붉은 물방울을 분비한다.

성장기의 버섯

갓 표면은 적갈색에서 탈색퇴듯이 백황색이나 황갈색, 갈색 등으로 변한다.

자실층은 이빨모양이다.

주걱유관버섯
Abortiporus fractipes

아교버섯과
식독불명

갓 지름 1~4㎝ 자루 길이 3~6㎝ 시기 여름~가을 장소 활엽수의 죽은 그루터기, 줄기, 가지 위

자실층은 흰색 관공으로 되어 있고 구멍 밀도는 촘촘하다.

갓 모양은 일정하지 않고 표면은 크림색이다.

갓은 주걱모양일 때가 많고 자실층과 자루 경계가 뚜렷하다.

흰둘레줄버섯
Bjerkandera fumosa

아교버섯과
식독불명 · 약

갓 지름 2.5~12㎝ 형태 반배착생 시기 봄, 가을 장소 활엽수의 죽은 그루터기, 줄기, 가지 위

여러 개체가 겹쳐서 발생한다.

갓 표면은 흰색에서 회갈색으로 변하지만 가장자리는 항상 흰색을 띤다.

자실층은 흰색에서 회색으로 변해 가고 더 오래되면 검은색이 된다.

줄버섯
Bjerkandera adusta

갓 지름 2~5㎝ 형태 반배착생 시기 봄~가을 장소 활엽수의 죽은 그루터기, 줄기, 가지 위

어린 버섯

갓 표면은 미세한 털로 덮여 있다.

갓 표면은 황갈색에 회흑색이 더해지며 저지분해 보인다.

여러 개체가 겹쳐서 발생한다.

자실층은 회색에서 검은색으로 변해 간다.

자실층은 관공으로 되어 있고 구멍 밀도는 매우 촘촘하다.

흰단창버섯
Sarcodontia pachyodon

갓 지름 1~3㎝ **형태** 반배착생 **시기** 1년 내내 **장소** 활엽수의 살아 있거나 죽은 줄기, 가지 위

갓 표면은 흰색에서 크림색으로 변해 가고 짧은 털로 덮여 있다.

자실층은 어릴 때 미로모양이었다가 끝이 한 창 모양~침 모양으로 변해 간다.

포낭버섯
Physisporinus vitreus

크기 일정하지 않음 **형태** 배착생 **시기** 여름~가을 **장소** 활엽수, 침엽수의 죽은 그루터기, 줄기, 가지 우

자실체는 균사가 갈색이어서 부분적으로 갈색을 띠기도 한다.

자실체는 밀랍질로 이끼 낀 나무 위에 발생할 때가 많다.

자실층은 관공으로 되어 있고, 표면이 오래되고 두터워지면 아랫면을 향한다.

땅후막고약버섯
Hypochnicium geogenium

아교버섯과

식독불명

크기 일정하지 않음 형태 배착생 시기 여름~가을 장소 쓰러져 있거나 죽은 활엽수의 줄기, 가지 위

자실층인 표면은 미세한 털로 덮이고 흰색에서 크림색으로 변해 가며,
매끄럽거나 작은 사마귀모양을 이루기도 한다.

Bulbillomyces farinosus
국내 미기록종

아교버섯과

식독불명

크기 일정하지 않음 형태 배착생 시기 봄~가을 장소 물기가 많아 축축한 활엽수의 죽은 줄기, 가지 위

물기가 많은 축축한 나무에서 발생한다.

자실체는 원래 표면이 매끄러워 보이는 막 형태이지만, 지금처럼 미세한 알모양일 때는 분생자 시기다.

흰비늘고약버섯
Cotylidia diaphana

미확정분류과

식독불명

갓 지름 1~3㎝ **자루 길이** 1~3㎝ **시기** 여름~가을 **장소** 숲 속의 땅 위

갓 표면은 주름져 있고 가장자리는 톱니모양이다.

현재 분류학상으로 목, 과가 미정인 버섯이지만, 이 책에서는 과거 분류 방식대로 아교버섯과에 포함해서 싣는다.

자실층은 부채살모양으로 주름져 있다.

수지고약버섯
Resinicium bicolor

미확정분류과

식독불명

크기 일정하지 않음 **형태** 배착생 **시기** 여름~가을 **장소** 활엽수, 침엽수의 죽은 줄기, 가지에서 껍질이 없는 부분

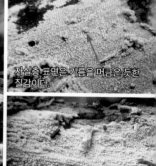

자실층 표면은 기름을 머금은 듯한 질감이다.

현재 분류학상으로 목, 과가 미정인 버섯이지만, 이 책에서는 과거 분류방식대로 아교버섯과에 포함해서 싣는다.

자실층 표면은 무디거나 날카로운 돌기로 덮여 있다.

황금고약버섯
Crustodontia chrysocreas

미확정분류과
식독불명

크기 일정하지 않음 형태 배착생 시기 여름~가을 장소 활엽수의 죽은 줄기, 가지 위

자실층인 표면은 노란색 아교질로 넓게 퍼져 나간다.

현재 분류학상으로 목, 과가 미정인 버섯이지만, 이 책에서는 과거 분류방식대로 아교버섯과에 포함해서 싣는다.

잎새버섯
Grifola frondosa

왕잎새버섯과
식용버섯 · 약

갓 지름 2~5㎝ 전체 크기 15~30㎝ 시기 가을 장소 활엽수의 죽은 밑동, 그루터기 위

갓 표면은 검은색에서 흑갈색을 거쳐 회갈색으로 변한다.

어린 버섯. 여러 개 갓이 뭉쳐진 다발모양이다.

자실층은 흰색 관공으로 되어 있고 밀도는 약간 촘촘하다.

Rigidoporus crocatus
국내 미기록종

왕잎새버섯과

식독불명

크기 일정하지 않음 형태 배착생 시기 여름~가을 장소 침엽수의 죽은 그루터기, 줄기, 가지 위

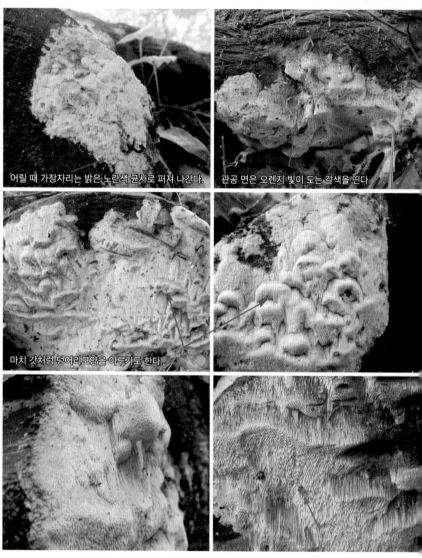

어릴 때 가장자리는 밝은 노란색 균사로 퍼져 나간다.

관공 면은 오렌지 빛이 도는 갈색을 띤다.

마치 갓처럼 덩어리모양을 이루기도 한다.

자실층은 관공으로 되어 있고 구멍 밀도는 촘촘하다.

분홍그물구멍버섯

유색고약버섯과
식독불명

Ceriporia purpurea

크기 일정하지 않음 형태 배착생 시기 봄~초겨울 장소 활엽수의 죽은 줄기, 가지 위

자실층은 어릴 때 흰색에서 분홍색~살구색 내지는 자주색으로 변해 가고 관공은 원형에서 다각형으로 변하며 밀도는 촘촘하다.

큰톱밥버섯

유색고약버섯과
식독불명

Hyphodermella corrugata

크기 일정하지 않음 형태 배착생 시기 여름~가을 장소 활엽수의 죽은 그루터기, 줄기, 가지 위

자실층은 어릴 때 흰색에서 크림색을 거쳐 황갈색으로 변해 간다.

자실층은 작은 돌기로 덮여 있어 톱밥 같은 느낌이다.

467

끈유색고약버섯
Phanerochaete filamentosa

크기 일정하지 않음 형태 배착생 시기 여름~가을 장소 주로 활엽수, 때로는 침엽수의 죽은 그루터기, 줄기, 가지 위

자실층인 표면은 크림색에서 황갈색~오렌지 빛이 도는 갈색, 가운데는 자갈색으로 변해 가며, 미세한 털로 덮여 있고, 가장자리의 성장하는 부분은 흰색에 깃털모양이다.

유색고약버섯
Phanerochaete sordida

크기 일정하지 않음 형태 배착생 시기 1년 내내 장소 주로 활엽수의 죽은 줄기, 가지 위

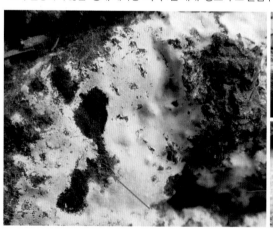

자실층인 표면은 미세한 털로 덮여 있으며, 어릴 때 크림색에서 황토색으로 변해 간다.

기주 표면에 느슨하게 붙어 있다.

좀아교고약버섯
Phlebiopsis gigantea

크기 일정하지 않음 형태 배착생 시기 여름~가을 장소 침엽수의 죽은 그루터기 위

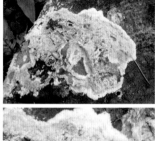

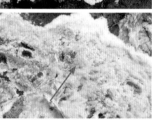

표면은 평탄하거나 작은 돌기로 덮인다.

신선할 때는 회백색이다가 마르면 크림색을 띤다.

청자색모피버섯
Terana caerulea

크기 일정하지 않음 형태 배착생 시기 봄~가을 장소 활엽수의 죽은 줄기, 가지 위

마르면 페인트가 굳은 듯한 느낌이다.

성장할 때 표면은 융털로 덮이고 가장자리는 흰색을 띤다.

자실층 표면은 신선할 때 푸른색에서 청자색으로 변해 간다.

보라털방석버섯
Porostereum crassum

갓 지름 1㎝ 정도 형태 반배착생 시기 봄~늦가을 장소 활엽수의 죽은 줄기, 가지 위

어린 버섯

자실층의 표면은 양탄자 같은 질감이다.

갓은 폭이 좁고 긴 선반모양이다.

갓 표면은 보통은 단순하지만 테무늬 여러 개가 나타나기도 한다.

자실층은 어릴 때 연한 보라색에서 자주색으로 변하며 점차 갈색이 더해진다.

자실층은 오래되고 마르면 옅은 회갈색으로 변하고 균열이 생긴다.

아교구멍버섯
Antrodiella semisupina

갓 지름 1~2.5㎝ **자루 길이** 배착생 **시기** 1년 내내 **장소** 활엽수의 죽은 그루터기, 줄기, 가지 위

여러 개체가 겹치거나 이어져 선반모양을 이루기도 한다.

자실체는 아교질로 약간 질기고 갓 표면은 흰색에서 크림색을 거쳐 연한 황갈색으로 변해 간다.

자실층은 관공으로 되어 있고 구멍 밀도는 매우 촘촘하다.

떡버섯
Ischnoderma resinosum

갓 지름 5~15㎝ **자루 길이** 자루 없음 **시기** 여름~가을 **장소** 활엽수의 죽은 그루터기, 줄기 위

갓 표면은 갈색에서 흑갈색으로 변해 가고 미세한 털로 덮여 있다.

자실층은 관공으로 되어 있고 구멍 밀도는 매우 촘촘하다.

젖색귓등버섯(젖색손등버섯)
Postia tephroleuca

갓 지름 4~10㎝ 자루 길이 자루 없음 시기 여름~가을 장소 침엽수의 죽은 그루터기, 줄기, 가지 위

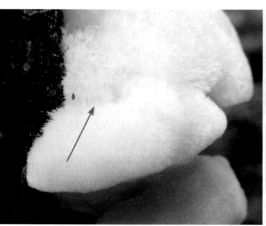

갓 표면은 털로 덮여 있고 흰색에서 회갈색으로 변해 간다.

자실층은 흰색 관공으로 되어 있고 면이 고르지 않다.

푸른귓등버섯(푸른손등버섯)
Postia caesia

갓 지름 1~6㎝ 자루 길이 자루 없음 시기 여름~가을 장소 침엽수의 죽은 그루터기, 줄기, 가지 위

자실체는 어릴 때 흰색에서 점차 푸른색으로 변한다.

큰후추고약버섯
Dacryobolus karstenii

크기 일정하지 않음 형태 배착생 시기 여름~가을 장소 침엽수의 죽은 그루터기, 줄기, 가지 위

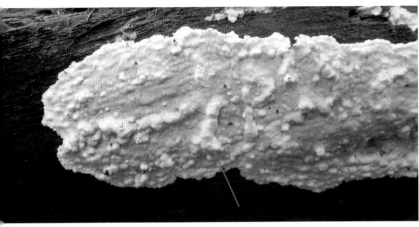

자실층인 표면은 짙은 크림색 내지는 황갈색이고 작은 사마귀로 덮여 있어 면이 고르지 않다.

붉은덕다리버섯
Laetiporus miniatus

갓 지름 5~20㎝ 자루 길이 자루 없음 시기 초여름~가을 장소 침엽수의 죽은 그루터기, 줄기 위

침엽수의 죽은 그루터기 위에 발생했다.

여러 개체가 겹쳐 발생하고 갓 표면이 고르지 않으며 굴곡이 많다.

자실층은 관공으로 되어 있고 좋은 향기가 난다.

덕다리버섯
Laetiporus sulphureus

잔나비버섯과

식용버섯 · 약

갓 지름 15~20㎝ 자루 길이 자루 없음 시기 초여름~가을 장소 활엽수(밤나무, 참나무)의 죽은 그루터기, 줄기 위

어린 버섯

여러 개체가 겹쳐서 발생한다.

갓 표면은 굴곡이 많아 고르지 않다.

자실체에서는 생선 비린내 같은 불쾌한 냄새가 난다.

자실체는 주황색이었다가 오래되면 연노란색으로 바뀐 후 허옇게 탈색된다.

자실층은 노란색을 띠고 구멍 밀도는 매우 촘촘하다.

등갈색미로버섯

Daedalea dickinsii

갓 지름 4~15㎝ 자루 길이 자루 없음 시기 봄~가을 장소 활엽수의 죽은 그루터기, 줄기 위

어린 버섯

갓 표면에는 오랫동안 흰색 균사층이 덮여 있다.

갓 표면은 연갈색에서 갈색~암갈색을 거쳐 황갈색으로 변해 간다.

갓 표면에는 테무늬가 있으며 고르지 않고 주름져 있다.

신선할 때 만지거나 상처를 내면 그 부분은 갈색으로 변한다.

자실층은 관공으로 되어 있고, 구멍은 원형이었다가 오래 되면 약간 미로모양으로 바뀐다.

잔나비버섯
Fomitopsis pinicola

갓 지름 6~30㎝ 자루 길이 5~15㎝ 시기 다년생 장소 침엽수의 죽은 그루터기, 줄기 위

갓 표면은 흰색에서 황갈색을 거쳐 회흑색으로 변해 간다.

가장자리의 성장하는 부분은 흰색을 띤다.

오래된 것일수록 색이 짙은 부분이 많다.

자실층은 흰색에서 연한 크림색으로 변해 가고 쓴맛이 난다.

자실층은 관공으로 되어 있고 구멍 밀도는 매우 촘촘하다.

476

그물주름구멍버섯
Antrodia heteromorpha

잔나비버섯과
식독불명

갓 지름 1~4㎝ 자루 길이 자루 없음 시기 봄~가을 장소 침엽수의 죽은 그루터기, 줄기, 가지 위

갓 표면은 흰색 벨벳 같은 질감으로 면은 고르지 않고 불분명한 테무늬와 굴곡이 있다.

자실층 모양은 일정하지 않고 동그란 모양, 각진 모양, 미로모양이 혼합된 형태를 이룬다.

유황주름구멍버섯
Antrodia xantha

잔나비버섯과
식독불명

크기 일정하지 않음 형태 배착생 시기 봄~가을 장소 활엽수, 침엽수의 죽은 그루터기, 줄기 위

자실층은 어릴 때 밝은 노란색을 띠다가 점차 흰색 내지는 크림색으로 변해 간다.

수직면으로 자랄 때는 갓모양을 이루기도 한다.

해면버섯
Phaeolus schweinitzii

갓 지름 7~15㎝ 자루 길이 3~8㎝ 시기 여름~가을 장소 살아 있거나 죽은 침엽수의 그루터기, 줄기 위

어린 버섯

성장기의 버섯. 갓 표면은 벨벳 같은 질감이다.

갓 표면은 황갈색에서 적갈색~암갈색으로 변해 간다.

자실체는 모양이 일정하지 않고 다양하다.

자실층은 관공으로 되어있고, 어릴 때는 녹황색에서 노란색을 거쳐 갈색~암갈색으로 변해 간다.

가지무당버섯
Russula amoena

갓 지름 2.5~6㎝ 자루 길이 2.5~5㎝ 시기 여름 장소 활엽수림 내의 땅 위

어린 버섯

갓 표면과 자루 표면이 보라색을 띤다.

갈색주름무당버섯
Russula amoenolens

갓 지름 3~7㎝ 자루 길이 2~5㎝ 시기 여름 장소 혼합림 내의 땅 위

갓 가장자리 쪽으로는 알갱이모양으로 홈이 팬 선이 있다.

갓 표면 가운데는 진한 회황색, 갈색, 녹갈색, 회갈색 등 색이 짙다.

상처가 나면 황갈색으로 변색된다.

기와무당버섯
Russula crustosa

식용버섯

갓 지름 5~11㎝ 자루 길이 3~7㎝ 시기 여름 장소 활엽수림 내의 땅 위

갓 표면 가장자리 쪽으로 가늘게 조각모양으로 갈라진다. 주름살 간격은 촘촘하다.

노랑무당버섯
Russula flavida

무당버섯과

식독불명

갓 지름 3~8㎝ 자루 길이 6~9㎝ 시기 여름 장소 혼합림 내의 땅 위

어린 버섯

자루 아래쪽 표면이 노란색을 띤다.

달팽이무당버섯아재비
Russula pectinatoides

갓 지름 4~8㎝ 자루 길이 3~6㎝ 시기 여름 장소 활엽수림, 침엽수림 내의 땅 위

어린 버섯

성숙한 버섯

늙은 버섯

갓 가장자리에 알갱이모양으로, 홈이 팬 선이 있다.

상처가 나면 적갈색으로 변한다.

주름살 간격은 촘촘하고, 상처가 나면 적갈색으로 변한다.

회갈색무당버섯
Russula sororia

무당버섯과

식독불명

갓 지름 3~6㎝ 자루 길이 2~6㎝ 시기 여름 장소 활엽수림, 침엽수림, 공원, 길가, 풀밭 등의 땅 위

어린 버섯

어린 버섯

자루 표면은 연한 회갈색을 띤다.

갓 표면은 회갈색을 띤다.

주름살 간격은 약간 엉성하다.

482

깔때기무당버섯
Russula foetens

갓 지름 5~12㎝ 자루 길이 6~8㎝ 시기 여름 장소 활엽수림, 침엽수림 내의 땅 위

어린 버섯

성숙한 버섯은 유사한 버섯 중에서 제일 크다.

갓 표면은 가장자리까지 전체적으로 갈색을 띤다.

자루는 양쪽으로 가늘어 질 때가 많다.

483

밀집색무당버섯
Russula grata

갓 지름 5~9㎝ 자루 길이 3~9㎝ 시기 여름 장소 활엽수림, 혼합림 내의 땅 위

주름살 간격은 촘촘하다.

어린 버섯

갓 표면 가장자리에는 알갱이모양으로
홈이 팬 선이 있다.

황색깔대기무당버섯
Russula farinipes

갓 지름 3~6㎝ 자루 길이 3~9㎝ 시기 여름 장소 활엽수림, 침엽수림 내의 땅 위

갓 표면이 연노란색을 띤다.

어린 버섯

주름살 간격은 촘촘하다.

갓 지름 5~10㎝ 자루 길이 4~10㎝ 시기 여름 장소 활엽수림, 혼합림 내의 땅 위

갓 껍질 표면이 크게 갈라진다.

자루 표면은 작은 갈색 점들로 덮여 있다.

주름살 날 끝이 갈색을 띤다.

절구무당버섯
Russula nigricans

갓 지름 5~15㎝ 자루 길이 3~8㎝ 시기 여름 장소 활엽수림, 침엽수림 내의 땅 위

갓 표면은 탁한 흰색에서 흑갈색을 거쳐 검은색으로 변해 간다.

주름살 간격은 엉성하다.

상처를 낸 지 30초 후

상처를 낸 지 1분 후

상처를 낸 지 20분 후

486

절구무당버섯아재비
Russula subnigricnas

무당버섯과

독버섯 · 약

갓 지름 5~11㎝ 자루 길이 3~6㎝ 시기 여름 장소 활엽수림, 혼합림 내의 땅 위

자루 표면은 갓과 색이 같고, 아래로 갈수록 가늘어지는 경우가 많다.

주름살 간격은 엉성하고 상처를 내도 변색되지 않는다.

Russula eccentrica
국내 미기록종

무당버섯과

식독불명

갓 지름 5~11㎝ 자루 길이 4~9㎝ 시기 여름 장소 활엽수림, 침엽수림 내의 땅 위

주름살 간격은 엉성하고, 분홍색을 띤다.

갓 표면이 지저분해 보인다.

자루는 아래쪽으로 갈수록 가늘어지고 매우 단단하다.

흑갈색무당버섯
Russula adusta

갓 지름 5~12㎝ 자루 길이 3~6㎝ 시기 여름 장소 침엽수림 내의 땅 위

어린 버섯

갓 표면은 흰색이지만 공기에 노출되면 회갈색을
거쳐 검은색이 된다.

주름살 폭이 넓다.

주름살 간격은 촘촘하고, 상처가 나면 회갈색을 거쳐
검은색이 된다.

488

갓 지름 4.5~10㎝ 자루 길이 3~6㎝ 시기 여름 장소 활엽수림 내의 땅 위

성숙하면 깔때기모양이 된다.

흰 부분을 만지거나 상처를 내면 검은색으로 급변한다.

흰색 버섯이지만 공기에 노출된 부분은 검은색으로
변한다.

주름살 간격은 매우 촘촘하다.

애기무당버섯
Russula densifolia

무당버섯과

독버섯 · 약

갓 지름 6~10㎝ 자루 길이 3~5㎝ 시기 여름 장소 활엽수림, 침엽수림 내의 땅 위

어린 버섯은 흰색이다.

성숙한 버섯

갓 표면은 공기에 노출되면 회갈색으로 변하는데 녹색, 자주색이 섞이기도 한다.

주름살 간격은 매우 촘촘하다.

상처를 내면 붉은색 후에 검은색으로 변한다(상처 낸 직후).

상처 낸 지 30초 후

490

암색중심무당버섯
Russula acrifolia

갓 지름 4~10㎝ 자루 길이 3~5㎝ 시기 여름 장소 혼합림 내의 땅 위

갓 표면은 어릴 때 흰색이었다가 점차 갈색으로 변해 간다.

상처가 나면 붉은색으로 변한 후 1~2시간이 지나면 검은색으로 변한다.

상처 낸 직후. 빨리 변색되지 않는다.

3분 후. 붉은색으로 변하고 있다.

살(조직)도 자르면 붉은색으로 변해 간다.

갓 지름 2~4㎝ 자루 길이 2.5~5㎝ 시기 여름 장소 활엽수(오리나무)림 내의 땅 위

어린 버섯

신선할 때 갓 표면은 윤기가 돌고, 가운데는 색이 짙다. 주름살 간격은 약간 엉성하다.

팥무당버섯
Russula kansaiensis

갓 지름 1~3㎝ 자루 길이 1~4㎝ 시기 여름 장소 활엽수림 내의 부엽토 위나 썩은 나무 위

어린 버섯

매우 작은 버섯이다.

갓 표면은 빗물에 쉽게 탈색된다.

갓 표면은 자줏빛 붉은색을 띤다.

주름살 간격은 약간 엉성하다.

493

홍자색애기무당버섯
Russula fragilis

갓 지름 2~4㎝ **자루 길이** 2.5~6㎝ **시기** 여름~가을 **장소** 활엽수림, 침엽수림 내의 땅 위

자루 표면은 흰색이다.

갓 표면 가운데는 흑녹색, 바깥쪽은 연한 자주색, 분홍색, 올리브색이 혼합된 색을 띤다.

주름살 간격은 약간 촘촘하다.

전나무무당버섯
Russula puellaris

갓 지름 2.5~5㎝ **자루 길이** 3~6㎝ **시기** 여름~가을 **장소** 침엽수림, 혼합림 내의 땅 위

주름살 간격이 약간 엉성하다.

갓 표면은 회분홍색, 자주색, 올리브색, 노란색 등이 혼합된 색이고 가운데는 색이 짙으며, 가장자리는 일갱이모양으로 홈이 팬 선이 있다.

오래되거나 상처가 나면 자루 표면은 연한 황갈색을 띤다.

장미무당버섯
Russula rosea

갓 지름 5~11㎝ 자루 길이 3~9㎝ 시기 여름 장소 활엽수림, 혼합림 내의 땅 위

갓 표면은 가장자리에 홈이 팬 선이 생기지 않는다.

자루 표면, 주름살 날은 전체 또는 가장자리 쪽이 붉은색이다.

금무당버섯
Russula aurata

갓 지름 4~9㎝ 자루 길이 5~9㎝ 시기 여름 장소 활엽수림, 침엽수림 내의 땅 위

자루와 주름살이 연노란색을 띤다.

갓 표면은 오렌지 빛이 도는 붉은색, 노란색, 오렌지색이 혼합된 색을 띤다.

오래되면 갓 표면 가장자리에 알갱이 모양으로 홈이 팬 선이 생긴다.

주홍색무당버섯

Russula rubra

갓 지름 4~8㎝ 자루 길이 3~6㎝ 시기 여름 장소 활엽수림 내의 땅 위

어린 버섯

갓 표면은 미세한 흰색 융털로 덮여 있다.

갓 표면의 껍질은 벗겨지기 쉽다.

갓 표면은 대체로 가운데가 진하고 노란색 얼룩이 생기기도 한다.

주름살 간격은 촘촘하다.

갓 표면 가장자리에 홈이 팬 선이 생기지 않는다.

혈색무당버섯

Russula sanguinea

갓 지름 4~10㎝ 자루 길이 3~7㎝ 시기 여름 장소 침엽수림, 혼합림 내의 땅 위

어린 버섯

자루 표면은 항상 붉은색으로 물든다.

갓 표면은 강렬한 붉은색을 띤다.

보통 무리를 이루어 발생한다.

갓 표면 가장자리에 매우 짧은 홈 선이 나타난다.

주름살 간격은 촘촘하다.

수원무당버섯
Russula bella

갓 지름 3~10㎝ 자루 길이 3~9㎝ 시기 여름 장소 활엽수림, 침엽수림 내의 땅 위

어린 버섯

만지면 손에 분말이 묻고 끈끈하며 좋은 향기가 난다.

갓 표면은 밝은 붉은색에서 분홍색으로 변해 가고 탈색되기 쉽다.

갓 표면은 미세한 분말로 덮여 있다.

주름살은 흰색에서 크림색으로 변해 간다.

자루 표면은 분홍색을 띤다.

자줏빛무당버섯
Russula violeipes

갓 지름 3~10㎝ 자루 길이 3~9㎝ 시기 여름 장소 활엽수림, 침엽수림 내의 땅 위

어린 버섯은 갓 표면이 밝은 노란색을 띤다.

만지면 손에 분말이 묻어나며 끈끈하며 좋은 향기가 난다.

성숙하면 갓 표면에 자줏빛이 짙어진다.

갓 표면이 완전히 자줏빛으로 변할 때도 있다.

자루 표면은 흰색에서 자줏빛이 점차 짙어진다.

변색무당버섯
Russula rubescens

갓 지름 4~9㎝ 자루 길이 3~7㎝ 시기 여름 장소 활엽수림, 침엽수림 내의 땅 위

어린 버섯은 갓 표면이 붉은색을 띤다.

성숙하면서 점차 붉은 부분이 사라지고 연노란색이 짙어진다.

오래되면 갓 표면이 탈색되고 나중에는 검게 변색된다.

상처가 나면 일정 시간 경과 후 붉은색을 거쳐 검은색으로 바뀐다.

상처가 나면 일정 시간 경과 후 붉은색을 거쳐 검은색이 된다.

주름살 간격은 촘촘하다.

상처가 나면 일정 시간 경과 후 붉은색을 거쳐 검은색으로 바뀐다.

갓 지름 4~10㎝ 자루 길이 4~10㎝ 시기 여름 장소 활엽수림 내의 땅 위

색이 매우 다양하다.

어린 버섯의 갓 표면 색깔

갓 표면은 크림 빛이 도는 노란색에서 올리브색, 붉은색 등이 짙어지며, 무늬는 일정하지 않다.

주름살 간격은 촘촘하고, 흰색에서 크림색으로 변해 간다.

조각무당버섯
Russula vesca

갓 지름 4~10㎝ 자루 길이 3~9㎝ 시기 여름 장소 활엽수림, 침엽수림 내의 땅 위

어린 버섯

어린 버섯

갓 표면에는 주로 노란색 계통과 연한 자주색 계통이 섞여 있다.

성숙하면 갓 표면 가장자리에 짧은 홈 선이 생긴다.

주름살 간격은 촘촘하다.

자루 표면은 갓과 같은 색이 희미하게 나타나기도 한다.

502

청머루무당버섯

Russula cyanoxantha

무당버섯과

식용버섯 · 약

갓 지름 6~15㎝ 자루 길이 3~7㎝ 시기 여름 장소 활엽수림 내의 땅 위

어린 버섯은 자주색과 보라색, 올리브색이 혼합되어 있다.

성숙하면서 녹색이 짙어져 연두색으로 변할 때도 있다.

자루는 흰색이고 단단해서 분필처럼 부러진다.

주름살 간격은 촘촘하다.

503

기와버섯
Russula virescens

갓 지름 6~12㎝ 자루 길이 5~10㎝ 시기 여름 장소 활엽수림 내의 땅 위

어린 버섯

갓 표면 껍질이 조각처럼 갈라진다.

주름살 간격은 촘촘하다.

풀색무당버섯
Russula aeruginea

갓 지름 4~9㎝ 자루 길이 4~7㎝ 시기 여름 장소 활엽수림, 침엽수림 내의 땅 위

어린 버섯

갓 표면은 올리브색을 띤다.

갓 표면 가장자리에 선명한 홈 선이 있다.

늙은 버섯

주름살 간격은 촘촘하다.

505

청이끼무당버섯
Russula parazurea

갓 지름 3~8㎝ 자루 길이 3~6㎝ 시기 여름 장소 활엽수림, 혼합림 내의 이끼가 자라는 땅 위

이끼 사이에서 발생한다.

갓 표면 가장자리에 알갱이모양 홈 선이 희미하게 나타난다.

갓 표면은 흑녹색에서 진한 올리브그린, 회녹색 등으로 변색된다.

주름살 간격은 약간 엉성하다.

갓 지름 7~10㎝ 자루 길이 4~7㎝ 시기 여름 장소 활엽수림 내의 땅 위

어린 버섯

신선할 때 만지면 버섯 전체가 갈색으로 변한다.

주름살도 상처가 나면 갈색으로 변한다.

갓 가장자리가 가늘게 갈라진다.

주름살 간격은 매우 촘촘하다.

좀흰무당버섯
Russula castanopsidis

무당버섯과
식독불명

갓 지름 3~5㎝ 자루 길이 4~6㎝ 시기 여름 장소 활엽수림, 혼합림 내의 땅 위

갓 표면은 회황갈색이고 성숙하면서 균열된다.

주름살 간격은 약간 촘촘하다.

포자 크기 7.2~10.4×5.5~8.5㎛

푸른주름무당버섯

Russula delica

갓 지름 5~15㎝ 자루 길이 3~5㎝ 시기 여름 장소 활엽수림, 혼합림 내의 땅 위

어린 버섯

갓 표면은 흰색이 아닌 크림색을 띤다.

땅속 깊은 곳에서 발생해 갓 표면에는 늘 흙이 묻어 있다.

주름살 간격은 촘촘하고, 푸른색을 띤 개체가 많다.

509

흰무당버섯아재비(갈변흰무당버섯)
Russula japonica

갓 지름 6~20㎝ 자루 길이 3~6㎝ 시기 여름 장소 활엽수림 내의 땅 위

어린 버섯

갓 표면은 흰색이다.

무리를 이루어 발생한다.

자루는 아래로 갈수록 가늘어지고, 갓 크기에 비해 자루가 짧다.

주름살 간격은 매우 촘촘하다.

매우 큰 버섯이다.

510

흰꽃무당버섯(목련무당버섯)

Russula alboareolata

갓 지름 5~8㎝ 자루 길이 3~5㎝ 시기 여름 장소 활엽수림, 침엽수림 내의 땅 위

어린 버섯

어린 버섯의 갓 표면에는 백황색 가루가 붙어 있다.

전형적인 모습

가장 많이 발생하는 무당버섯 종류다.

갓 표면 가장자리에는 알갱이모양 홈 선이 있다.

주름살 간격은 촘촘하다.

갈색끈적젖버섯
Lactarius luteolus

갓 지름 3~7㎝ 자루 길이 2.5~6㎝ 시기 여름~가을 장소 활엽수림, 침엽수림 내의 땅 위

주름살 간격은 촘촘하다.

오래되면 갓 표면은 갈색이 짙어진다.

젖은 흰색이고 묽으며 양이 아주 많고, 매우 끈적거린다.

고추젖버섯
Lactarius acris

갓 지름 2~5㎝ 자루 길이 2.5~6㎝ 시기 여름~가을 장소 활엽수림, 혼합림 내의 땅 위

살(조직)은 상처가 나면 분홍색으로 변한다.

갓 표면은 잿빛을 띠는 누런 밤색이다.

젖은 흰색이지만 공기에 노출되면 분홍색으로 변하고 몹시 맵다.

(굴털이)젖버섯
Lactarius piperatus

갓 지름 4~16㎝ 자루 길이 3~9㎝ 시기 여름 장소 활엽수림, 침엽수림 내의 땅 위

어린 버섯

성숙한 버섯은 갓이 깔때기모양이다.

보통 무리를 이루어 발생한다.

자루는 흰색이고 단단하다.

갓 표면은 흰색이고 노란색 얼룩이 조금 생긴다.

젖은 양이 많고 흰색이며 몹시 맵다. 주름살 간격은 매우 촘촘하다.

(굴털이)젖버섯아재비
Lactarius subpiperatus

갓 지름 6~10㎝ **자루 길이** 3~6㎝ **시기** 여름 **장소** 활엽수림, 침엽수림 내의 땅 위

주름살 간격은 엉성하다.

갓 표면은 흰색이고 석회를 바른 듯한 느낌이며 약간 요철이 있다.

젖은 흰색으로 몹시 맵고 양도 많다.

꼬마배꼽젖버섯
Lactarius omphaliiformis

갓 지름 1~2㎝ **자루 길이** 1.5~3㎝ **시기** 여름~가을 **장소** 활엽수(오리나무)림 내의 땅 위

갓 표면은 적갈색이고 가는 홈 선이 있다.

어린 버섯. 가운데가 돌출해 있다.

젖은 흰색이고 양이 적으며, 주름살 간격은 엉성하다.

넓은갓젖버섯
Lactarius hygrophoroides

갓 지름 3~10㎝ 자루 길이 4~5㎝ 시기 여름~가을 장소 활엽수림, 침엽수림 내의 땅 위

어린 버섯

성숙하면 갓 표면은 물결모양으로 굴곡한다.

주름살 간격은 엉성하다.

젖은 흰색이고 양이 많으며 매운맛은 나지 않는다.

노란젖버섯
Lactarius chrysorrheus

갓 지름 4~9㎝ **자루 길이** 4~7㎝ **시기** 여름~가을 **장소** 활엽수와 침엽수의 혼합림 내의 땅 위

어린 버섯

성숙한 버섯

갓 표면에는 테무늬가 있으나 불분명할 때가 많다.

주름살 간격은 촘촘하다.

젖은 흰색이지만 공기에 노출되면 곧 노란색으로 변한다.

누룩젖버섯
Lactarius flavidulus

갓 지름 6~13㎝ 자루 길이 3~5㎝ 시기 가을 장소 침엽수(전나무)림 내의 땅 위

어린 버섯

갓 표면은 연노란색에 황갈색이 더해진다.

주로 전나무숲에서 발생한다.

주름살 간격은 촘촘하다.

젖은 흰색이지만 공기에 노출되면 서서히 청록색으로 변해 간다.

살(조직)은 상처가 나면 서서히 청록색으로 변한다.

당귀젖버섯
Lactarius subzonarius

갓 지름 2.5~5㎝ 자루 길이 2.5~4㎝ 시기 여름 장소 활엽수림, 혼합림 내의 땅 위

갓 표면에는 비교적 선명한 테무늬가 있다.

주름살 간격은 촘촘하다.

주름살은 상처가 나면, 서서히 갈색으로 변한다.

어린 버섯

젖은 묽은 흰색이며 양이 많고 건조하면 왜당귀 냄새가 난다.

518

배젖버섯
Lactarius volemus

식용버섯 · 약

갓 지름 5~12㎝ 자루 길이 6~10㎝ 시기 여름~가을 장소 활엽수림, 침엽수림 내의 땅 위

어린 버섯

갓 표면은 오렌지 빛이 도는 갈색이고 미세한 요철이 있다.

젖은 흰색으로 양이 많고 매운맛은 나지 않는다.

주름살 간격은 촘촘하다.

살(조직)은 상처가 나면 갈색으로 변한다.

붉은젖버섯
Lactarius deliciosus

갓 지름 5~12㎝ 자루 길이 3~8㎝ 시기 여름~가을 장소 침엽수(전나무)림 내의 땅 위

성숙한 버섯

어린 버섯

갓 표면은 오렌지색을 띠고 불분명한 테무늬가 있다.

주름살 간격은 촘촘하다.

젖은 짙은 오렌지색을 띠고 양은 적다.

520

갓 지름 5~7㎝ 자루 길이 3~6㎝ 시기 여름~가을 장소 활엽수림, 침엽수림 내의 땅 위

자루 표면은 갓 표면과 색이 같다.

갓 표면은 매끄럽지 않고 미세한 요철이 있다.

갓 표면은 흑갈색을 띤다.

주름살 간격은 엉성하다.

젖은 흰색이고 양이 많으며 매운맛은 나지 않는다.

얇은갓젖버섯
Lactarius subplinthogalus

갓 지름 3~5.5㎝ 자루 길이 2.5~4.5㎝ 시기 여름~가을 장소 활엽수림, 혼합림 내의 땅 위

어린 버섯

성숙한 버섯

갓 표면은 어릴 때 진한 회흑갈색이었다가 점차 황토색으로 변한다.

갓 표면은 평탄하지 않고 일그러진다.

주름살 간격은 엉성하고 오래되면 전체적으로 붉게 변한다.

젖은 흰색인데 공기에 노출되면 매우 서서히 붉게 변하고, 매운맛이 난다.

작은테젖버섯
Lactarius circellatus

무당버섯과
식독불명

갓 지름 3~9㎝ 자루 길이 3~6㎝ 시기 봄~가을 장소 활엽수(서어나무)림 내의 땅 위

갓 표면은 자줏빛이 도는 회갈색이고 테무늬가 있다.

주름살 간격은 엉성하고, 젖은 흰색이며 매운맛이 강하다.

주름젖버섯
Lactarius corrugis

무당버섯과
식용버섯

갓 지름 5~12㎝ 자루 길이 5~8㎝ 시기 여름~가을 장소 활엽수림, 혼합림 내의 땅 위

갓 표면은 포도주 빛이 도는 갈색을 띠고 면이 고르지 않다.

주름살 간격은 촘촘하고 노란색이며, 젖은 흰색이고 양이 매우 많다.

잣밤젖버섯
Lactarius castanopsidis

갓 지름 0.7~1.5㎝ 자루 길이 1~2㎝ 시기 여름~가을 장소 숲 속, 이끼가 있는 풀밭 내의 땅 위

어린 버섯

어릴 때 갓 표면은 적갈색을 띤다.

갓 표면은 건조해 끈적거리지 않는다.

갓 표면 가운데는 오목하고 그 중심에 돌기가 있다.

주름살 간격은 약간 촘촘하다.

젖은 반투명하고 양이 매우 적으며 매운맛이 나지 않는다.

젖버섯아재비
Lactarius hatsudake

갓 지름 3~10㎝ 자루 길이 2~5㎝ 시기 봄~가을 장소 침엽수림 내의 땅 위

갓 표면에는 불분명한 테무늬가 있다.

주름살 간격은 촘촘하다.

갓 표면은 연한 홍적색에서 황적색으로 변해 간다.

젖은 탁한 붉은색이지만 오래되면 청록색으로 변하고 양이 적다.

살(조직)도 상처가 나거나 오래되면 붉은색에서 청록색으로 변한다.

피젖버섯
Lactarius akahatsu

갓 지름 5~10㎝ 자루 길이 3~5㎝ 시기 여름~가을 장소 침엽수(소나무)림 내의 땅 위

갓 크기에 비해 자루가 짧다.

갓 표면은 밝은 노란색을 띠고 희미한 테무늬가 있다.

주름살 간격은 촘촘하다.

살(조직)은 상처가 나면 서서히 녹색으로 변한다.

젖은 오렌지색이고 양이 적어 흘러내리지 않는다.

젖은 오래되면 녹색으로 변한다.

526

향기젖버섯
Lactarius quietus

갓 지름 3~7㎝ 자루 길이 3~7㎝ 시기 여름~가을 장소 활엽수림 내의 땅 위

어린 버섯

성숙한 버섯

테무늬는 비슷한 당귀젖버섯보다 선명하지 않다.

갓 표면에는 테무늬가 있으나 오래되면 불분명해진다.

주름살 간격은 촘촘하다.

젖은 흰색이고 양은 보통이며 변색되지 않는다.

흰털젖버섯
Lactifluus subvellereus

갓 지름 6~12cm **자루 길이** 2~4cm **시기** 여름~가을 **장소** 활엽수림, 혼합림 내의 땅 위

주름살은 오래되면 누렇게 변한다.

갓은 깔때기모양이다.

갓 표면은 흰색이고 짧은 털로 덮여 있다.

주름살 간격은 촘촘하다.

젖은 흰색인데 공기에 노출되면 연노란색으로 변하고 매운맛이 난다.

비자표피버섯
Laurilia sulcata

갓 지름 0.5~2㎝ 형태 반배착생 시기 1년 내내 장소 비자나무의 줄기 껍질

자실층은 흰색에서 회색, 황갈색 등으로 변해 간다.

비자나무에서 발생한다.

껍질고약버섯
Peniophora quercina

형태 배착생 시기 봄~가을 장소 활엽수의 죽은 나무껍질 위

습할 때 자실층 표면은 짙은 자주색을 띤다.

어릴 때는 작은 원형에서 점차 퍼져 나간다.

자실층 표면은 마르면 분홍색으로 변한다.

붉은점껍질고약버섯
Peniophora rufa

크기 1~2㎝ 형태 배착생 시기 초봄~늦가을 장소 활엽수의 죽은 가지, 줄기 껍질 위

말라 가는 버섯

자실층 표면은 어릴 때 오렌지색이었다가 서서히 자주색으로 변해 간다.

신선할 때 자실층 표면에는 흰 가루가 붙어 있다.

표면은 대체로 매끄럽지만 전체적으로는 울퉁불퉁하다.

신선할 때 표면은 오렌지색을 띤다.

살(조직)은 흰색으로 밀랍질이다

Heterobasidion orientale
국내 미기록종

갓 지름 2.5~8㎝ 형태 반배착생 시기 여름~가을 장소 침엽수의 그루터기, 줄기 위

갓 표면은 적갈색이고 주름져 있다.

성장할 때 갓 가장자리는 흰색을 띤다.

자실층은 흰색 관공으로 되어 있고 밀도는
촘촘하다.

꽃구름버섯
Stereum hirsutum

갓 지름 1~3㎝ 형태 반배착생 시기 여름~가을 장소 활엽수의 죽은 줄기, 가지

자실층 표면은 매끄럽고 노란색을 띤다.

전체적으로 노란색을 띤다.

갓 표면은 노란색 바탕 위에 회백색 털로
덮여 있다.

갈색꽃구름버섯
Stereum ostrea

갓 지름 1~5㎝ 형태 반배착생 시기 여름~가을 장소 활엽수의 죽은 줄기, 가지 위

죽은 활엽수 위에 겹쳐서 발생한다.

갓 표면은 털로 덮인 회백색 부분과 털이 없는 갈색 부분이 교대로
나타나 테무늬를 만든다.

자실층인 밑면은 매끄럽고 황갈색이다.

흰테꽃구름버섯
Stereum gausapatum

갓 지름 1~1.5㎝ 형태 반배착생 시기 여름~가을 장소 활엽수의 죽은 줄기, 가지 위

갓 표면은 갈색 거친 털로 덮이고 가장자리는 흰색이다.

자실층은 상처가 나면 붉은 액을 분비한다.

껍질꽃구름버섯
Stereum peculiare

갓 지름 1~1.5㎝ 형태 반배착생 시기 봄~늦가을 장소 활엽수의 죽은 줄기, 가지 위

갓 표면은 짧은 털로 덮여 있고 테무늬가 있다.

자실층 표면은 흑적갈색에서 점차 황토갈색으로 변해 간다.

자실층 표면은 불규칙적인 돌기모양으로 울퉁불퉁 하다.

오래되면 마르면서 갈라져 나무껍질 표면이 드러난다.

너털거북꽃구름버섯
Xylobolus spectabilis

갓 지름 2~4㎝ 형태 반배착생 시기 봄~가을 장소 활엽수의 죽은 줄기, 가지 위

갓 표면은 털이 없고 비단 같은 빛이 난다.

자실체는 오래되면 세로로 심하게 갈라진다.

자실층은 신선할 때 밝은 노란색에서 회백색으로 퇴색한다.

큰거북꽃구름버섯
Xylobolus annosus

갓 지름 1~1.5㎝ 형태 반배착생, 배착생 시기 1년 내내 장소 활엽수의 죽은 줄기, 가지 위

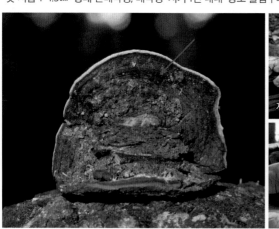

자실층은 사방으로 갈라진다.

촘촘한 테무늬가 있고 갓을 형성하기도 한다.

자실층은 휘색에서 회백색 같은 탁한 색으로 변해 간다.

노루궁뎅이버섯
Hericium erinaceus

크기 5~20㎝ 침 길이 1~5㎝ 시기 늦여름~가을 장소 살아 있거나 죽은 활엽수

주로 살아 있는 참나무류의 죽은(상처) 부분에서 발생한다.

자실층은 무수히 많은 침모양으로 이루어져 있다.

수실노루궁뎅이버섯
Hericium coralloides

크기 10~20㎝ 침 길이 0.3~1㎝ 시기 늦여름~가을 장소 침엽수(전나무), 활엽수의 죽은 줄기 위

침엽수(전나무)에서 발생했다.

침은 여러 갈래로 갈라지며 자실체를 형성한다.

꽃방패버섯
Albatrellus dispansus

크기 5~15㎝ 자루 길이 자루 없음 시기 여름~가을 장소 활엽수림, 침엽수림 내의 땅 위

여러 개 갓이 합쳐진 다발로 발생한다.

자실층은 흰색 관공으로 되어 있고 밀도는 촘촘하다.

갓 표면은 밝은 노란색이지만 시간이 흐를수록 황토색에 가까워진다.

Albatrellus cristatus
국내 미기록종

갓 지름 5~20㎝ 자루 길이 2.5~4㎝ 시기 여름~가을 장소 활엽수림, 침엽수림 내의 땅 위

갓 표면은 황갈색, 올리브색이 혼합되어 있고 벨벳 같은 질감이다.

자실층은 흰색이지만 상처가 나면 녹황색을 띠고 밀도는 촘촘하다.

다발방패버섯
Albatrellus confluens

방패버섯과
식용버섯

갓 지름 10~15㎝ 자루 길이 3~10㎝ 시기 늦여름~가을 장소 침엽수림 내의 땅 위

여러 개체가 겹쳐서 다발로 발생한다.

갓 표면은 탁한 흰색 내지는 크림색에서 황갈색에 가까워진다.

자실층은 흰색 관공으로 되어 있고 밀도는
매우 촘촘하다.

양털방패버섯
Albatrellus ovinus

방패버섯과
식용버섯

갓 지름 5~13㎝ 자루 길이 2~5㎝ 시기 가을 장소 침엽수림, 혼합림 내의 땅 위

낱개 또는 적은 개체가 겹쳐서 발생한다.

자실층은 흰색 관공으로 되어 있고 오래되면 연노란색으로 변하며 자루에
길게 내려 붙은 모양이다.

갓 표면은 흰색 내지는 연노란색 바탕에 그
을린 듯한 색을 띤다.

537

초록방패버섯
Albatrellus caeruleoporus

방패버섯과

식용버섯

갓 지름 2~17㎝ 자루 길이 3~5㎝ 시기 여름~가을 장소 침엽수(소나무)림 내의 땅 위

갓 표면은 어릴 때 녹황색을 띤다.

갓 표면은 벨벳과 같은 질감이고 점차 푸른색이 짙어진다.

자실층은 관공으로 되어 있고 연한 살구색 띤다.

갈색털느타리
Lentinellus ursinus

솔방울털버섯과

식독불명

갓 지름 1~5㎝ 자루 길이 자루 없음 시기 초여름~초겨울 장소 활엽수의 죽은 줄기나 그루터기 위

한쪽 방향으로 치우쳐 자란다.

갓 표면은 갈색이고 기부 쪽은 짧은 털로 덮여 있다.

주름살 날은 톱니모양이고 간격은 약간 촘촘하다.

538

Lentinellus castoreus
국내 미기록종

갓 지름 1.5~6.5㎝ 자루 길이 자루 없음 시기 여름~가을 장소 활엽수의 죽은 줄기나 그루터기 위

보통 다발로 발생한다.

갓 표면은 미세하게 주름져 있다.

갓 표면 기부 쪽은 털로 덮여 있다.

주름살 날은 톱니모양이고 간격은 촘촘하다.

솔방울털버섯
Auriscalpium vulgare

솔방울털버섯과
식독불명

갓 지름 1~2㎝ **자루 길이** 2~6㎝ **시기** 여름~가을 **장소** 침엽수림 내의 솔방울 위

갓 표면은 거친 털로 덮여 있다.

솔방울에서 발생한다.

자실층은 1~3㎜인 침모양이다.

좀나무싸리버섯
Artomyces pyxidatus

흑꽃구름버섯과
식용버섯 · 약

크기 5~13㎝ **시기** 초여름~가을 **장소** 활엽수, 침엽수의 죽은 그루터기, 줄기, 가지 위

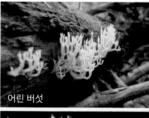

어린 버섯

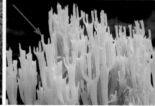

기부 하나에서 거듭 갈라져 산호모양을 이룬다.

가지 끝은 U자로 갈라진다.

고리갈색깔때기버섯
Hydnellum concrescens

갓 지름 2~5㎝ 자루 길이 1~3㎝ 시기 가을 장소 활엽수림, 침엽수림 내의 땅 위

자실층은 어릴 때 흰색이었다가 점차 적갈색으로 변해 간다.

갓 표면 가운데는 갈색~적갈색을 띠고 바깥쪽은 흰색에 가깝다.

자실층은 침모양이고 1~3㎜인 침이 무수히 돋아 있다.

굴뚝버섯
Boletopsis leucomelaena

갓 지름 5~15㎝ 자루 길이 2~10㎝ 시기 가을 장소 침엽수림 내의 땅 위

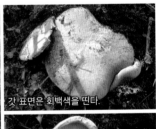

갓 표면은 회백색을 띤다.

갓 표면 가장자리는 오랫동안 안으로 말린다.

자실층은 관공으로 되어 있고 구멍 밀도는 매우 촘촘하다.

능이버섯(향버섯)
Sarcodon imbricatus

능이버섯과(노루털버섯과)

식용버섯 · 약

갓 지름 10~20㎝ **자루 길이** 3~6㎝ **시기** 늦여름~가을 **장소** 활엽수림 내의 땅 위

큰 다발을 이루기도 한다.

갓 표면은 거칠고 큰 비늘로 덮여 있다.

자실층에는 0.5~1㎝인 침이 무수히 돋아 있다.

개능이버섯(무늬노루털버섯)
Sarcodon scabrosus

능이버섯과(노루털버섯과)

약용버섯

갓 지름 5~12㎝ **자루 길이** 3~4㎝ **자루 길이** 여름~가을 **장소** 활엽수림, 침엽수림 내의 땅 위

갓 표면은 들러붙는 비늘로 덮여 있다.

자실층에는 0.5~0.7㎝인 침이 무수히 돋 있다.

까치버섯
Polyozellus multiplex

너비 7~30㎝ 높이 7~20㎝ 시기 늦여름~가을 장소 혼합림 내의 땅 위

표면은 청흑색을 띤다.

꽃양배추모양이고 큰 다발로 발생한다.

자실층은 세로로 쪼글쪼글하게 주름져 있다.

주먹사마귀버섯
Thelephora aurantiotincta

너비 5~10㎝ 높이 5~8㎝ 시기 여름~가을 장소 혼합림 내의 땅 위

갓 가장자리는 흰색을 띤다.

갓 표면은 연한 오렌지 빛을 띠는 노란색에서 오렌지 빛 갈색~오렌지 빛 검은색으로 변해 간다.

자실층에는 무수히 많은 작은 암갈색 사마귀가 덮여 있다.

사마귀버섯
Thelephora terrestris

너비 4~10㎝ 시기 여름~가을 장소 침엽수림 내의 땅 위

어린 버섯

성숙한 버섯. 주변 식물체를 타고 올라간다.

표면은 적갈색에서 자갈색으로 변해 간다.

가장자리는 연갈색과 흰색이 섞여 있고 가늘게 갈라진다.

자실층은 연한 자갈색에서 암자갈색으로 변해 가고 불규칙한 주름과 사마귀로 덮여 있다.

가시사마귀버섯
Thelephora anthocephala

사마귀버섯과
식독불명

높이 3~6㎝ 시기 여름~가을 장소 활엽수림, 침엽수림 내의 땅 위

어린 버섯

다발로 발생하며 회갈색, 흑갈색을 띠고 가지 끝은 흰색이며 뾰족하다.

자실층은 고르지 않고 울퉁불퉁하다.

단풍사마귀버섯
Thelephora palmata

사마귀버섯과
식독불명

너비 2~7㎝ 높이 2~5㎝ 시기 여름~가을 장소 활엽수림, 침엽수림 내의 땅 위

다발로 발생하며 표면은 회자갈색, 암갈색을 띠고 가지 끝은 회갈색에 뭉툭하다.

자실층은 회자갈색이며 고르지 않고 울퉁불퉁하다.

많은가지사마귀버섯
Thelephora multipartita

너비 2~3㎝ 높이 2~4㎝ 시기 여름~가을 장소 활엽수림, 침엽수림 내의 땅 위

자실체는 나뭇가지모양이다.

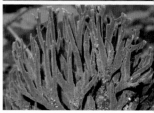

자실층은 자갈색이고 고르며 미세한 털로 덮여 있다.

붓털사마귀버섯
Thelephora penicillata

너비 2~15㎝ 높이 1~4㎝ 자루 길이 여름~가을 장소 숲 속의 풀, 식물 부스러기, 나뭇가지, 낙엽 위

기주 하나에서 여러 갈래로 넓게 퍼져 나간다.

자실층은 어두운 자갈색이고 면이 고르지 않다.

끝은 흰색이고 붓처럼 가늘게 갈라지며 뾰족하다.

목이

Auricularia auricula-judae

지름 1~10㎝ 시기 봄~늦가을 장소 활엽수의 죽은 줄기, 가지 위

어린 버섯. 표면은 미세한 털로 덮여 있다.

어린 버섯

어린 버섯은 작은 귀모양이다.

성숙하면서 막처럼 얇고 넓게 변한다.

털목이
Auricularia polytricha

지름 3~6㎝ 시기 봄~가을 장소 활엽수의 죽은 줄기, 가지 위

어린 버섯

갓 표면은 회백색 털로 덮여 있다.

마른 버섯. 습할 때는 아교질이지만 마르면 연골질로
단단해진다.

자실층은 매끄럽고 연갈색에서 어두운 자갈색으로
변해 간다.

548

분홍좀목이
Exidia recisa

목이과
식독불명

크기 0.5~3㎝ 시기 봄~가을 장소 활엽수의 죽은 줄기, 가지 위

표면은 적갈색을 띤다.

어릴 때는 주발모양이었다가 성장하면서 구거지듯이 주름진다.

아교좀목이
Exidia uvapassa

목이과
식용버섯

크기 2~3㎝ 시기 봄~가을 장소 활엽수의 죽은 줄기, 가지 위

어릴 때는 물방울모양이었다가 성장하면서 주름지고 일그러진다.

표면은 살구색, 황갈색, 연한 적갈색 등으로 다양하지만 분홍좀목이보다는 색이 연하다.

살(조직)은 젤라틴질이다.

그루터기좀목이

Exidia truncata

목이과
식독불명

크기 1~6㎝ 시기 봄~초겨울 장소 활엽수의 죽은 줄기, 가지 위

표면에는 미세한 과립상 알갱이가
촘촘하게 붙어 있다.

표면은 흑갈색을 띠고 광택이 있다.

좀목이

Exidia glandulosa

목이과
식용버섯

두께 0.5~2㎝ 크기 일정하지 않음 시기 봄~초겨울 장소 활엽수의 죽은 줄기, 가지 위

표면은 주름져 있다.

표면은 회흑색, 청흑색, 흑갈색 등이고
작은 돌기가 있다.

550

미세돌기목이
Heterochaete delicata

목이과
식독불명

지름 1~4㎝ 형태 배착생 시기 여름~가을 장소 활엽수의 죽은 줄기, 가지 위

외부와 경계가 뚜렷하다.

어린 버섯. 처음에는 작은 원모양이었다가 점차 번져 나간다.

자실층은 미세한 돌기로 이루어지고 상처가 나면 갈색으로 변한다.

헛바늘목이
Pseudohydnum gelatinosum

목이과
식용버섯 · 약

지름 2~4㎝ 두께 1.5㎝ 시기 여름~가을 장소 침엽수의 죽은 그루터기, 줄기, 가지 위

갓 표면은 연회색이고 미세한 털로 덮여 있다.

자실층은 침모양으로 많으며, 침 부분에 포자가 형성된다.

물방울목이
Gloeostereum incarnatum

미확정분류과

식용버섯

지름 3~10㎝ 자루 길이 자루 없음 시기 가을 장소 활엽수의 죽은 줄기, 가지 위

어린 버섯. 표면은 흰색 털로 덮여 있다.

어린 버섯. 자실층에는 물방울무늬가 있다.

성숙한 버섯

성숙한 버섯. 자실층에는 물방울무늬가 있다.

산호아교뿔버섯
Calocera coralloides

높이 0.3~0.8㎝   시기 초여름~가을   장소 활엽수의 죽은 줄기, 가지 위

어린 버섯

여러 갈래로 갈라져 산호모양을 이룬다.

자실체는 연노란색에서 노란색으로 변해
간다.

황소아교뿔버섯
Calocera cornea

높이 2~4㎝ 시기 봄~가을 장소 활엽수, 침엽수의 죽은 줄기, 가지 위

보통 끝이 갈라지지 않고 뿔모양을 이룬다.

드물게 갈라질 때는 2개까지 분지한다.

553

아교뿔버섯
Calocera viscosa

높이 3~5㎝ 시기 여름~가을 장소 침엽수의 죽은 줄기, 가지 위

자실체 표면은 선명한 노란색을 띤다.

어린 버섯

성장하면서 2~3번 분지한다.

주황혀버섯
Dacryopinax spathularia

높이 1~1.5㎝ 자루 길이 봄~가을 장소 주로 침엽수, 때로는 활엽수의 죽은 줄기, 가지 위

어린 버섯

자실체는 주걱모양에서 혀모양으로 변해 간다.

크기 0.5~3㎝ 시기 봄~가을 장소 활엽수, 침엽수의 죽은 줄기, 가지 위

어린 버섯

어릴 때 자실체 표면은 연한 분홍색을 띤다.

표면은 주름져 있다.

오래되면 연한 주황색으로 변색된다.

포자 크기 19~26×5.9~8.5㎛

붉은목이
Dacrymyces variisporus

식독불명

크기 0.1~0.5㎝ 시기 여름~늦가을 장소 침엽수의 죽은 줄기, 가지 위

여러 개체가 합쳐져 큰 덩어리를 이루기도 한다.

표면은 어릴 때는 매끄러우나 점차 주름진

손바닥붉은목이
Dacrymyces chrysospermus

붉은목이과

식독불명

크기 2~6㎝ 시기 여름~가을 장소 침엽수의 죽은 줄기, 가지 위

표면은 물결모양으로 크게 주름진다.

어린 버섯. 오렌지 빛이 도는 노란색이다.

오래되면 표피가 터져 넓게 퍼져서 손바닥만 하게 커질 때도 있다.

꽃흰목이
Tremella foliacea

너비 6~12㎝ 높이 3~6㎝ 시기 초봄~초겨울 장소 활엽수의 죽은 줄기, 가지 위

물결모양+겹꽃모양이다.

표면은 어릴 때 분홍색이었다가 점차 연한 자갈색으로 변해 간다.

미역흰목이로 알려졌으나 꽃흰목이와 같은 종으로 분류한다.

흰목이
Tremella fuciformis

너비 3~8㎝ 높이 2~5㎝ 시기 여름 장소 활엽수의 죽은 줄기, 가지 위

어린 버섯. 주로 참나무에서 발생한다.

흰색 물결모양+겹꽃모양이다.

방울흰목이
Tremella globispora

흰목이과
식독불명

너비 0.2~0.5cm 시기 초봄~초겨울 장소 활엽수의 죽은 줄기, 가지 위

주로 콩꼬투리버섯과의 버섯 위에 발생한다.

표면은 흰색에서 크림색~연갈색으로 변해 간다.

점흰목이
Tremella coalescens

흰목이과
식독불명

너비 2~5cm 높이 1~2.5cm 시기 여름~가을 장소 활엽수의 죽은 줄기, 가지 위

표면은 적갈색에서 진한 갈색으로 변해 간다.

습할 때는 매우 끈적거린다.

자줏빛날개무늬병균
Helicobasidium mompa

두께 0.1~0.2㎝ **시기** 1년 내내 **장소** 활엽수, 살아 있는 침엽수의 밑동

표면은 모피 내지는 석면 같은 질감이다.

살아 있는 나무의 밑동에 발생한다.

자실체는 기주에서 쉽게 분리된다.

진달래나무떡병균
Exobasidium japonicum

크기 2~4㎝ **시기** 봄~여름 **장소** 진달래과 나뭇잎

표면은 연한 녹색이고 흰 가루로 덮여 있다.

진달래과 나무의 잎에 발생하고 불규칙한 공모양이다.

오래되면 표면은 붉은 기가 짙어진다.

자낭균문
Ascomycota

콩나물버섯
Geoglossum glabrum

높이 2~7㎝ **자루 길이** 1~4㎝ **시기** 가을 **장소** 풀밭, 이끼 사이, 숲 속의 땅 위

머리는 긴 혀모양 내지는 곤봉모양이다.

자루 표면은 흑갈색 털로 덮여 있다.

회분홍바퀴버섯(회청바퀴버섯)
Orbilia sarraziniana

지름 0.4~1㎝ **시기** 봄~가을 **장소** 썩어 가는 활엽수의 축축한 줄기 위

껍질이 없는 심재 표면에서 발생한다.

신선한 버섯

표면은 반투명한 분홍색인데 점차 색이
싈어신나.

Orbilia epipora
국내 미기록종

바퀴버섯과

식독불명

지름 0.3~0.7㎝ **시기** 봄~가을 **장소** 썩어 가는 활엽수의 축축한 줄기에서 껍질이 없는 부분 위

반투명한 흰색 원모양이고 가운데는 기주와 붙어 있어 색이 짙어 보인다.

껍질이 없는 심재 표면에서 발생한다.

고무버섯
Bulgaria inquinans

고무버섯과

식용버섯 · 약

갓 지름 1~4㎝ **시기** 여름~가을 **장소** 활엽수의 죽은 나무줄기, 가지, 그루터기 위

신선할 때 자낭반에는 윤기가 돈다.

바깥 면은 갈색이고 비듬 같은 비늘이 붙어 있다.

오래되면 검은색으로 변하고 뒤틀린다.

끈적두건버섯
Leotia viscosa

머리 지름 0.5~2㎝ **자루 길이** 2~7㎝ **시기** 여름~가을 **장소** 숲 속의 땅 위

자실층인 머리 표면은 진한 황록색에서 어두운 녹색으로 변해 간다.

연두두건버섯
Leotia chlorocephala

머리 지름 0.2~1㎝ **자루 길이** 1~4.5㎝ **시기** 여름~가을 **장소** 활엽수림, 침엽수림 내의 땅 위

어린 버섯

머리 표면은 연한 녹황색이다.

콩두건버섯
Leotia lubrica

두건버섯과
식독불명

머리 지름 1~1.2㎝ 자루 길이 2~5㎝ 시기 여름~가을 장소 숲 속의 땅 위

자낭반 표면은 일그러져 있고 녹색이 도는 노란색이다.

자루 표면은 노란색이고 미세한 가루가 붙어 있다.

자낭반 표면은 오래되면 갈색이 짙어진다.

녹청접시버섯
Chlorencoelia versiformis

반흑색버섯과(녹청접시버섯과)
식독불명

갓 지름 7~10㎜ 시기 여름~가을 장소 활엽수의 썩은 나무 위

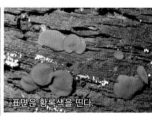

표면은 황록색을 띤다.

오래되면 노란색이 짙어진다.

거미줄주발버섯(거미줄종지버섯)

Arachnopeziza aurelia

지름 0.3~1.5mm **시기** 봄~가을 **장소** 활엽수의 죽은 나무줄기, 가지, 그루터기 위

껍질이 없는 썩어 가는 나무 표면에 발생한다.

기주 표면에는 흰색 균사가 그물처럼 얽혀 있다.

자낭반 가장자리는 주황색 털로 덮인다.

Erioscyphella abnormis

국내 미기록종

지름 1~2mm **시기** 봄~여름 **장소** 활엽수의 죽은 나무줄기, 가지 위

오래되면 편평해진다.

어린 버섯. 단지모양이다.

자낭반은 노란색이고 가장자리는 흰색 털로 덮여 있다.

꼬마털컵버섯
Lachnum pygmaeum

거친털버섯과

식독불명

지름 1~4㎜ **자루 길이** 1~3㎜ **시기** 봄~여름 **장소** 활엽수의 죽은 나무줄기, 가지 위

짧은 자루는 성장하면서 길어진다.

가장자리와 밑면은 미세한 흰색 털로 덮여 있다.

자낭반은 어릴 때는 오목하다가 점차 편평해진다.

종지털컵버섯
Lachnum virgineum

거친털버섯과

식독불명

지름 0.5~2㎜ **자루 길이** 0.5~1㎜ **시기** 봄~여름 **장소** 활엽수의 죽은 나무줄기, 가지 위

자낭반은 흰색에서 크림색으로 변해 가고 오랫동안 오목하다.

자낭반 가장자리와 자루 표면은 흰색 털로 덮여 있다.

습지등불버섯
Mitrula paludosa

균핵버섯과

식독불명

전체 높이 2~4.5㎝ **머리 높이** 0.5~1.5㎝ **시기** 봄 **장소** 맑고 얕은 물 위에 떨어진 소나무 잎 위

머리는 밝은 노란색에서
주황색으로 변해 간다.

깊은 산 적송림의 얕은 물에 뜬 낙엽 위에서 볼 수 있다.

밤송이양주잔버섯(밤송이자루접시버섯)
Ciboria americana

균핵버섯과

식독불명

머리 지름 2~5㎜ **자루 길이** 5~15㎜ **시기** 가을 **장소** 떨어진 밤송이나 도토리 위

자루가 긴 양주잔모양이다.

동백균핵접시버섯
Ciborinia camelliae

균핵버섯과
식독불명

머리 지름 0.3~1.8㎝ **자루 길이** 1~10㎝ **시기** 봄 **장소** 땅에 떨어진 썩은 동백나무 꽃잎 위

기부는 균핵으로 되어 있고 보통 흙속에 묻혀 있다.

오래된 동백나무숲에 떨어진 썩은 꽃잎에 붙어 발생한다.

Ciborinia gracilipes
국내 미기록종

균핵버섯과
식독불명

머리 지름 0.3~1.8㎝ **자루 길이** 1~10㎝ **시기** 봄 **장소** 땅에 떨어진 목련나무 썩은 잎, 열매

땅에 떨어진 목련나무 썩은 열매 위에서 발생했다.

기부는 균핵으로 되어 있고 보통 부드러운 흙 속에 묻혀 있다.

오디양주잔버섯(오디균핵버섯)
Ciboria shiraiana

머리 지름 1~3㎝ 자루 길이 1~3.5㎝ 시기 봄 장소 땅 위에 떨어진 뽕나무 열매(오디) 위

어린 버섯

땅에 떨어진 뽕나무 열매(오디)에 균핵이
생기고 그 위에 발생한다.

긴황고무버섯
Dicephalospora rufocornea

머리 지름 1~5㎜ 자루 길이 1~4㎜ 시기 여름~가을 장소 활엽수의 죽은 나무 가지 위

머리 표면은 오렌지 빛이 도는 노란색인데 마르면 좀 더 색이 짙어진다.

짧은 자루가 있고 표면은 크림색 내지는
연노란색이다.

짧은대꽃잎버섯
Ascocoryne cylichnium

물두건버섯과
식독불명

지름 0.5~2㎝ 시기 가을 장소 활엽수의 썩은 나무 위

표면은 연한 자주색에서 진한 자주색으로 변해 간다.

자낭반 가장자리는 짙은 색이고 물결모양이다.

진황고무버섯
Bisporella sulfurina

물두건버섯과
식독불명

지름 0.5~1.5㎜ 시기 가을 장소 활엽수의 썩은 나무 위

자낭반 표면은 밝은 노란색이다.

자루 없이 기주에 접시모양으로 붙어 있다.

산골물두건버섯(물두건버섯)
Cudoniella clavus

머리 지름 0.5~1.2㎝ **자루 길이** 1~3㎝ **시기** 봄 **장소** 물에 잠긴 나뭇가지나 풀줄기, 낙엽 위

자낭반은 회백색이고 볼록하다.

머리는 자루와 자연스런 곡선으로 이어져 있다.

흐르는 계곡이나 물웅덩이 등에 잠긴 나뭇가지나 풀줄기 위에 발생한다.

갈색잔버섯
Tatraea macrospora

머리 지름 3~8㎜ **자루 길이** 2~5㎜ **시기** 여름~가을 **장소** 활엽수의 썩은 나무 위

자루는 머리와 자연스럽게 이어지고 표면에는 갈색 가루가 덮여 있다.

자낭반은 어릴 때 컵 모양이었다가 점차 편평해지고 베이지색이다.

긴자루술잔고무버섯
Hymenoscyphus scutula

물두건버섯과
식독불명

리 지름 0.5~2㎝ 자루 길이 1~7㎜ 시기 여름~가을 장소 초본식물의 죽은 줄기 위

자낭반은 매끄럽고 황토색이 도는 노란색에서 크림색으로 변해 간다.

비교적 자루가 길다.

황녹청균
Chlorosplenium chlora

살갗버섯과
식독불명

지름 2~6㎜ 시기 여름~가을 장소 활엽수의 썩은 나무 위

어릴 때는 단지모양에서 점차 편평하게 변한 후 뒤틀린다.

자낭반 표면은 밝은 노란색에서 황록색으로 변해 간다.

겉고무버섯(검뎅이겉고무버섯)
Dermea cerasi

살갖버섯과
식독불명

지름 2~5㎜ **시기** 봄~가을 **장소** 활엽수의 죽은 나무 가지 위

갓 표면은 검은색에서 흑갈색으로 변해 간다.

어릴 때는 팽이모양에서 점차 방석모양으로 변해 간다.

살(조직)은 노란색 또는 황록색이다.

뱀껍질접시주발버섯
Pezicula ocellata

살갖버섯과
식독불명

지름 1~2.5㎜ **시기** 봄, 가을 **장소** 활엽수의 죽은 나무 가지 위

자낭반은 오렌지 빛이 도는 갈색을 띤다.

자낭반 가장자리는 흰색이고 울타리모양
이다.

담황색연한살갗버섯

Mollisia ventosa

살갗버섯과

식독불명

|름 4~8㎜ **시기** 봄~여름 **장소** 활엽수의 껍질이 없는 축축한 심재 위

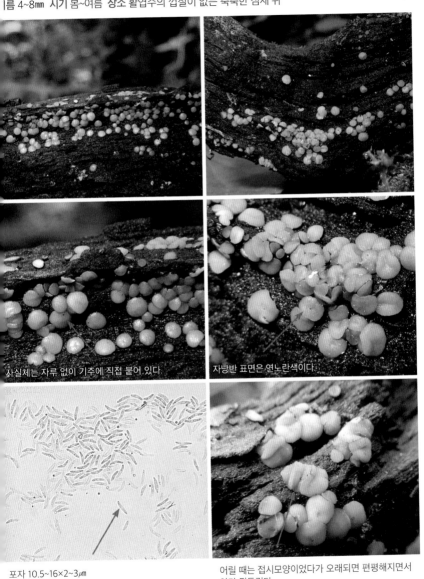

자실체는 자루 없이 기주에 직접 붙어 있다.

자낭반 표면은 연노란색이다.

포자 10.5~16×2~3㎛

어릴 때는 접시모양이었다가 오래되면 편평해지면서 약간 뒤틀린다.

575

배꼽녹청균
Chlorociboria omnivirens

머리 지름 2~6㎜ 자루 길이 0.5~1.2㎜ 시기 봄~가을 장소 활엽수의 썩은 나무 위

중심생인 매우 짧은 자루가 있다.

자낭반 표면은 매끄럽고 잉크가 번진 듯
하늘색이다.

변형술잔녹청균
Chlorociboria aeruginascens

머리 지름 2~4㎜ 자루 길이 0.5~1.5㎜ 시기 봄~가을 장소 활엽수의 썩은 나무 위

자루는 자낭반의 밑면 측면에 붙어 있다

자낭반은 찌그러진 원모양이다.

자낭반 표면은 매끄럽고 하늘색이다.

균핵꼬리버섯
Scleromitrula shiraiana

자루접시버섯과
식독불명

머리 지름 1~2㎝　자루 길이 3~6㎝　시기 봄　장소 뽕나무 열매(오디) 또는 버드나무류의 꽃이삭 위

주로 뽕나무 열매(오디)에서 발생한다.

머리는 찌그러진 방추모양이고 4갈래로 납작하게 압착되어 있다.

오디양주잔버섯과 생태가 같아 동시에 발생한다.

코털버섯(오렌지색코털버섯)
Vibrissea truncorum

코털버섯과
식독불명

머리 지름 1~1.2㎝　자루 길이 1㎝　시기 봄　장소 깊은 산속의 얕은 물, 물웅덩이 위에 떨어진 잔가지 위

자낭반(머리)은 가운데가 볼록하다.

자루는 아래로 갈수록 가늘어지고 표면에는 미세한 검은 털이 붙어 있다.

머리 표면은 어릴 때 크림색이었다가 점차 오렌지 노란색으로 변해 간다.

색찌끼버섯속
Colpoma sp.

색찌끼버섯과

식독불명

긴 쪽 지름 1~1.5㎝ 시기 봄 장소 활엽수의 떨어진 가지 위

갈참나무의 떨어진 가지 위에서 발생했다.

자낭반 표면은 주황색을 띠고 가장자리는 검은 띠 모양이다.

포자 180~320×1~2㎛. 색찌끼버섯(*Colpoma quercinum*)보다 포자가 3배 이상 크다.

넓적콩나물버섯(황금넓적콩나물버섯)
Spathularia flavida

투구버섯과

식독불명

머리 지름 1~3㎝ 자루 길이 2~3㎝ 시기 여름~가을 장소 침엽수림 내의 부엽토 위

자낭반은 부채모양, 나뭇잎모양 또는 주걱모양이다.

어린 버섯

578

갈색투구버섯
Cudonia confusa

머리 지름 0.7~1.2㎝ **자루 길이** 2~3㎝ **시기** 늦여름~가을 **장소** 침엽수림 내의 관목 주변 부엽토 위

머리는 투구모양으로 크림색 내지는 살구색이다.

자루 위쪽 표면에는 융기된 세로 선이 있다.

황토게딱지버섯(게딱지버섯)
Discina ancilis

머리 지름 3~6㎝ **자루 길이** 1~2㎝ **시기** 봄 **장소** 침엽수의 죽은 줄기, 그루터기, 가지 또는 주변 땅 위

짧은 자루가 있다.

자낭반은 어릴 때 주발모양에서 접시모양을 거쳐 편평해진 후 뒤집힌다.

자낭반 표면은 적갈색에서 흑갈색으로 변해 가고 울퉁불퉁하다.

Mitrophora semilibera
국내 미기록종

곰보버섯과

식용버섯 · 독

머리 지름 2~5㎝ 자루 길이 3~7㎝ 시기 봄 장소 활엽수림 내의 땅 위

머리(자낭반)는 원뿔모양+호두껍데기모양이다.

자루 표면에는 흰색 가루가 붙어 있다.

곰보버섯
Morchella esculenta

곰보버섯과

식용버섯 · 약 · 독

머리 지름 3~6㎝ 자루 길이 2~4㎝ 시기 봄 장소 은행나무 주변, 활엽수(벚나무, 뽕나무 등)림 내의 땅 우

자낭반 표면은 그물눈모양 내지는 다각형으로 깊게 홈이 패 있다.

머리는 둔한 원뿔모양이고 표면은 황갈색이다.

손가락머리버섯
Verpa digitaliformis

곰보버섯과
식독불명

머리 지름 2~3㎝ **자루 길이** 3~8㎝ **시기** 봄 **장소** 활엽수림 내의 땅 위

포자 22~29×12~15㎛

자루 표면은 크림색이고 가는 가루가 붙어 있다.

자낭반 표면은 갈색이고 주름져 있다.

땅콩버섯(당귀야자버섯)
Glaziella splendens

땅콩버섯과
식독불명

지름 2~4㎝ **시기** 여름~가을 **장소** 활엽수의 썩은 나무 위

성숙하면서 황토갈색으로 변하며 쪼그라든다.

어린 버섯은 밝은 노란색이고 상처가 나면 붉은색으로 변한다.

내부에는 오렌지 빛이 도는 노란색에 물기가 많은 젤라틴 물질이 들어 있다.

땅해파리(파상땅해파리)

Rhizina undulata

땅해파리과

식독불명

지름 3~10㎝ **두께** 2~3㎝ **시기** 초여름~가을 **장소** 침엽수림 내의 땅 위나 나무껍질 위

자실층 표면은 적갈색에서 흑갈색으로 변해 간다.

가장자리는 흰색이고 단단한 육질이다.

예쁜술잔버섯

Caloscypha fulgens

예쁜술잔버섯과

식독불명

머리 지름 1.5~4㎝ **자루 길이** 매우 짧음 **시기** 봄 **장소** 침엽수림 내의 땅 위

요강모양이고 한쪽이 찢어지기도 한다.

바깥(아래) 면은 오렌지 빛이 도는 노란색 바탕 위에 멍이 든 것처럼 청록색 융털로 덮여 있다.

자실층은 밝은 노란색에서 오렌지색으로 변해 간다.

다발귀버섯
Wynnea gigantea

술잔버섯과
식독불명

높이 3~6㎝ **너비** 1~2㎝ **시기** 여름~가을 **장소** 숲 속의 땅 위

귀모양이고 다발로 발생한다.

어린 버섯. 땅속의 균핵에서 발생한다.

적갈색 내지는 자갈색에서 오래되면 흑갈색
으로 된다.

털작은입술잔버섯
Microstoma floccosum

술잔버섯과
식독불명

머리 지름 0.5~1㎝ **자루 길이** 0.5~2㎝ **시기** 여름~가을 **장소** 활엽수의 죽은 가지 위

자낭반 가장자리와 바깥쪽 표면은 긴
흰색 털로 덮여 있다.

술잔버섯
Sarcoscypha coccinea

술잔버섯과

식독불명

머리 지름 1~5㎝ **자루 길이** 없거나 짧음 **시기** 여름~늦가을 **장소** 고산지대 활엽수의 썩은 나무 위

자실층은 매끄럽고 주홍색에서 붉은색으로 변해 간다.

어린 버섯. 가장자리가 오랫동안 말려 있다.

바깥 면은 흰 가루와 미세한 털로 덮여 있다

기둥안장버섯
Helvella macropus

안장버섯과

식독불명

머리 지름 1.5~3㎝ **자루 길이** 2~5㎝ **시기** 여름~가을 **장소** 활엽수림, 침엽수림 내의 땅 위나 썩은 나무 위

자낭반 표면은 그물눈모양 내지는 다각형으로 깊게 홈이 패 있다.

머리는 주발모양이다.

바깥 면과 자루 표면은 회색 털로 덮여 있다.

584

긴대안장버섯
Helvella elastica

머리 지름 1~4㎝ **자루 길이** 3~7㎝ **시기** 초여름~가을 **장소** 숲 가장자리, 길가, 정원, 공원 내의 땅 위

자실층 표면은 연한 베이지색에서 황갈색으로 변해 간다.

자루 표면은 크림색이고 아래쪽은 미세한 털로 덮여 있다.

머리는 안장모양이다가 오래되면 뒤틀린다.

꼬마안장버섯
Helvella atra

머리 지름 1~3㎝ **자루 길이** 1~7㎝ **시기** 여름~가을 **장소** 숲 속, 숲 가장자리, 길가, 정원, 공원 내의 땅 위

이끼가 자라는 땅 위에서 많이 발생한다.

자실층 표면은 회갈색에서 흑갈색으로 변해 간다.

머리는 안장모양이다가 오래되면 뒤틀린다.

덧술잔안장버섯
Helvella ephippium

머리 지름 1.5~3㎝ **자루 길이** 1.5~5㎝ **시기** 초여름~가을 **장소** 활엽수림, 침엽수림 내의 땅 위

자루 표면은 회색 털로 덮여 있다.

머리는 어릴 때 접시모양이다가 점차 뒤집혀 안장모양으로 변한다.

자실층은 회색에서 어두운 회황색으로 변해 간다.

안장버섯
Helvella lacunosa

머리 지름 2~5㎝ **자루 길이** 3~6㎝ **시기** 여름~가을 **장소** 활엽수림, 침엽수림, 공원, 길가 등의 땅 위

어린 버섯

자실층 표면은 검은색에서 회흑색을 거쳐 허옇게 탈색된다.

자루 표면은 세로로 깊게 홈이 패어 있다.

주름안장버섯

Helvella crispa

머리 지름 2~5㎝ 자루 길이 3~6㎝ 시기 여름~가을 장소 활엽수림, 침엽수림 내의 땅 위

자실층은 심하게 뒤틀리고 표면은 베이지색이다.

자루 표면은 세로로 깊게 홈이 패어 있다.

방패꼴쟁반버섯

Pachyella clypeata

지름 2~4㎝ 시기 봄~가을 장소 활엽수의 썩은 나무 위

어릴 때 접시모양이었다가 점차 주름지고 배부른 방석모양으로 변한다.

자실층 표면은 갈색에서 흑갈색으로 변해 가고 윤기가 약간 돈다.

작은방패쟁반버섯
Pachyella babingtonii

주발버섯과
식독불명

지름 0.5~1㎝ **시기** 봄~가을 **장소** 활엽수의 썩은 나무 위

자실층 표면은 적갈색에서 황토색으로 변해 간다.

자실체는 도톰해 보이고 표면에는 약간 윤기가 돈다.

배꼽주발버섯
Peziza limnaea

주발버섯과
식독불명

지름 3~5㎝ **시기** 봄~가을 **장소** 활엽수림, 침엽수림 내의 땅 위

자실층인 안(위)쪽 표면은 황갈색에서 적갈색으로 변해 간다.

가운데는 녹갈색, 황록갈색 또는 흑갈색을 띤다.

숯가마주발버섯
Peziza echinospora

주발버섯과
식독불명

지름 3~8㎝ **시기** 봄~가을 **장소** 숯가마, 산불 난 자리 등 불 피운 자리에서 발생

자실층은 다갈색 내지는 어두운 적갈색이다.

바깥 면은 백갈색으로 비교적 큰 비듬 같은 인편이 붙어 있다.

자주주발버섯
Peziza badia

주발버섯과
독버섯

지름 3~7㎝ **시기** 여름~가을 **장소** 숲 속의 땅, 모래가 섞인 부엽토 위

바깥 면은 적갈색이고 가루가 붙어 있다.

자실층은 어두운 올리브갈색을 띤다.

갈색주발버섯
Peziza phyllogena

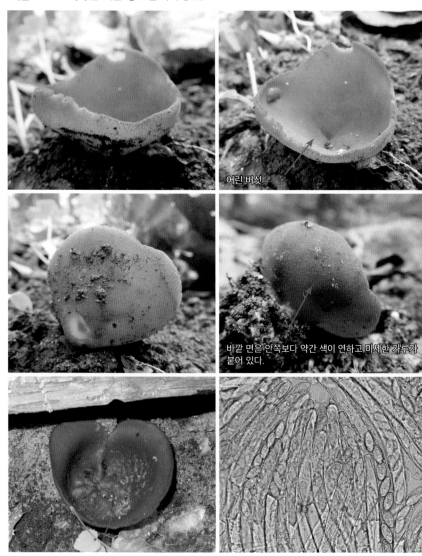

지름 3~10㎝ **시기** 봄~여름 **장소** 숲 속의 땅 위

어린 버섯

바깥 면은 안쪽보다 약간 색이 연하고 미세한 가루가
붙어 있다.

자실층 표면은 올리브갈색에서 갈색~자갈색으로
변해 간다.

포자 14.8~19×5.8~7㎛

590

지름 1~5㎝ **시기** 봄~가을 **장소** 톱밥 더미, 모래땅 쓰레기 위

어린 버섯

자실층은 매끄럽고 황토색을 띤다.

바깥 면에는 비교적 큰 비듬 같은 가루가 붙어 있다.

주로 활엽수림의 톱밥 더미에서 발생한다.

포자 14~17.5×8.8~10.5㎛

적갈색주발버섯
Peziza michelii

지름 2~5㎝ **시기** 여름~가을 **장소** 숲 속, 길가, 절개지 등의 땅 위

어린 버섯

절개지에서 발생했다.

바깥 면은 황토색이고 미세한 가루가 붙어 있다.

자실층은 매끄럽고 보라색이 도는 연한 적갈색이다.

가장자리는 안으로 심하게 말려 있다.

늙은 버섯

갈색털고무버섯(갈색털들주발버섯)
Trichaleurina celebica

털접시버섯과
식독불명

지름 3~7㎝ **자루 길이** 3~6㎝ **시기** 여름~가을 **장소** 활엽수의 썩은 나무 위

어린 버섯

바깥 면은 회갈색 내지는 황갈색에서 흑갈색으로 변해 가며, 털에 덮이고 오래되면 주름이 생긴다.

자실층은 어릴 때 베이지색에서 황갈색~ 흑갈색으로 변해 간다.

갈색사발버섯
Humaria hemisphaerica

털접시버섯과
식독불명

지름 1~3㎝ **시기** 여름~가을 **장소** 음지의 습한 땅이나 썩고 젖은 고목 위

자실층은 매끄럽고 회백색을 띤다.

바깥 면과 자낭반 가장자리는 거친 갈색 털로 덮여 있다.

Aleuria cestrica
국내 미기록종

털접시버섯과
식독불명

지름 0.2~0.6㎝ **시기** 여름~가을 **장소** 활엽수림 내의 맨땅 위

자실층은 노란색이고 가장자리는 미세한 톱니모양이다.

살(조직)은 매우 연약하다.

들주발버섯
Aleuria aurantia

털접시버섯과
식용버섯

지름 2~6㎝ **시기** 여름~가을 **장소** 숲 속, 길가, 임도 등의 모래땅 위

어린 버섯

자실층은 주황색이고 윤기가 돌며 매끄럽다.

자루주발버섯(털끝자루주발버섯)

Jafnea fusicarpa

털접시버섯과
식독불명

머리 지름 2~3㎝ **자루 길이** 0.05㎝ **시기** 여름~가을 **장소** 숲 속의 유기물이 많은 땅 위

자실체는 요강모양이다.

바깥 면은 부드럽고 짧은 갈색 털로 덮여 있다.

짧은 자루가 있는데 잘 보이지 않는다.

꽃접시버섯

Melastiza chateri

털접시버섯과
식독불명

지름 0.5~2㎝ **시기** 여름~가을 **장소** 숲 속의 땅 위

바깥 면 가장자리는 들러붙은 흑갈색 털로 덮여 있다.

자실층은 주홍색 내지는 붉은색이며 매끄럽다.

접시버섯
Scutellinia scutellata

털접시버섯과
식독불명

지름 3~12㎜ **시기** 늦은 봄~가을 **장소** 죽은 활엽수의 축축한 부분이나 축축한 땅 위

자실층은 주홍색에서 주황색으로 변해 간다.

가장자리에는 1㎜ 정도의 긴 털이 울타리 모양으로 붙어 있다.

침접시버섯
Scutellinia erinaceus

털접시버섯과
식독불명

지름 2~3㎜ **시기** 여름~늦가을 **장소** 죽은 활엽수의 축축한 나무 위

가장자리에는 긴 털이 울타리처럼 나 있다.

자실층은 오렌지 빛이 도는 노란색으로 접시버섯보다 색이 연하다.

Sphaerosporella brunnea
국내 미기록종

식독불명

지름 3~7㎜ 시기 여름~가을 장소 불탄 자리, 이끼 사이의 땅 위

자실층은 갈색 내지는 적갈색이다.

황금대접시버섯(받침노란주발버섯)
Sowerbyella imperialis

털접시버섯과

식독불명

머리 지름 2~3㎜ 자루 길이 매우 짧음 시기 여름~가을 장소 숲 속의 땅 위

자실층은 밝은 노란색이다.

어릴 때는 주발모양에서 점차 편평해진다.

짧은 자루가 있지만 묻혀 있어서 잘 보이지 않는다.

597

벼깜부기
Ustilaginoidea virens

맥각균과

식독불명

지름 1~2㎝ **시기** 여름~가을 **장소** 벼꽃과 열매 위

벼 이삭에 침투해 세포분열을 억제시켜 벼 생산에 큰 피해를 준다.

나방꽃동충하초(일본꽃동충하초)
Isaria japonica

동충하초과

약용버섯

높이 1~4㎝ **시기** 여름~가을 **장소** 숲 속의 낙엽, 흙, 이끼 속에 묻힌 나비목 고치에 기생

흰 가루물질은 번식할 수 없는 분생포자다.

나비목 고치에서 발생한다.

백강균
Beauveria bassiana

시기 여름~가을 **장소** 여러 곤충의 몸체

털두꺼비하늘소에서 발생한 모습

비단벌레에서 발생한 모습

흰색 가루 형태로 발생하며 이는 분생포자다.

매미꽃동충하초
Isaria sinclairii

높이 2~4㎝ **시기** 여름~가을 **장소** 땅속에 묻힌 애매미 유충에서 발생

발생 초기 모습

자루는 황갈색이고 흰가루는 분생포자다.

애매미 유충

꽃동충하초(번데기눈꽃동충하초)
Isaria farinosa

동충하초과
약용버섯

높이 1~3.5㎝ **시기** 봄~가을 **장소** 땅속에 묻힌 나비목 번데기 또는 유충에서 발생

자루 위쪽에 흰가루 형태의 분생포자가 붙어 있다.

자루 표면은 백황색이다.

가는유충동충하초
Cordyceps gracilioides

동충하초과
식독불명

머리 높이 5~6㎜ **자루 길이** 3~5㎝ **시기** 여름 **장소** 땅속에 묻힌 딱정벌레목 유충에 기생해 발생

딱정벌레목 유충에서 발생한다.

머리 표면에 점모양 자낭각이 묻혀 있다.

붉은동충하초
Cordyceps roseostromata

머리 지름 1.5~6㎜ **자루 길이** 5~12㎜ **시기** 여름 **장소** 숲 속의 썩은 그루터기, 나무토막, 낙엽 속에 묻힌 딱정벌레목 유충에서 발생

자루 표면은 연한 붉은색을 띤다.

머리 표면에 포자가 생기는 삼각뿔 자낭각이 돌출해 있다.

동충하초
Cordyceps militaris

머리 지름 1~2㎝ **자루 길이** 1~4㎝ **시기** 여름~가을 **장소** 땅속에 묻힌 나비목 번데기나 유충에서 발생

나비목 번데기에서 발생했다.

머리는 오렌지색이고 긴 방추모양이다.

머리 표면에 삼각뿔 자낭각이 돌출해 있다.

노린재기생동충하초(노린재포식동충하초) 잠자리동충하초과

Ophiocordyceps nutans

약용버섯

머리 높이 4~7㎜ **전체 높이** 5~15㎝ **시기** 여름~가을 **장소** 땅속에 묻힌 노린재 성충에서 발생

머리 표면에 점모양 자낭각이 묻혀 있다.

머리는 붉은색에서 주황색으로 변해 간다.

노린재 몸체에 기생해 발생한다.

벌기생동충하초(벌포식동충하초)

Ophiocordyceps sphecocephala

잠자리동충하초과
약용버섯

머리 지름 7~12㎜ 전체 높이 4~13㎝ 시기 여름~초가을 장소 땅속에 묻힌 벌목 성충에서 발생

죽은 벌의 몸체에서 발생했다.

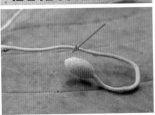

머리는 연노란색이고 표면에 자낭각이
묻혀 있다.

노린재동충하초덧붙이

Hirsutella nutans

잠자리동충하초과
식독불명

북채 길이 0.1~0.2㎜ 시기 여름~가을 장소 노린재기생동충하초의 머리 부분

흰색 균사층 위에 작고 많은 북채모양 돌
기가 발생한다.

잠자리동충하초
Hymenostilbe odonatae

잠자리동충하초과

식독불명

지름 1~4㎝ **자루 길이** 3~6㎝ **시기** 여름~가을 **장소** 나무나 풀에 붙어 있는 각종 잠자리 몸에서 발생

자실체는 연한 황갈색이고 매우 작다.

녹강균
Metarhizium anisopliae

잠자리동충하초과

식독불명

시기 여름~가을 **장소** 여러 곤충의 몸에서 발생

고무동충하초속 자낭균의 불완전세대로 쑥색 가루는 분생포자다.

Entomophthora muscae
국내 미기록종

식독불명

시기 봄~가을 장소 파리목 성충에 기생해 발생

파리 성충에 덮인 흰 물질은 분생포자다.

이 균에 감염된 성충은 날개를 곧게 펴고 죽는 경향이 있다.

붉은두알보리수버섯(붉은씨알보리수버섯)
Dialonectria episphaeria

알보리수버섯과

식독불명

지름 0.15~0.2㎜ 시기 여름~가을 장소 콩꼬투리버섯목 또는 검뎅이침버섯목 등의 자낭균 위

껍질방석꼬투리버섯의 자실체 위에 발생했다.

자실체는 매우 작은 물고기 알모양이고 붉은색이다.

끈적점버섯(끈적점액버섯)
Hypocrea gelatinosa

지름 1~3㎜ 시기 봄~가을 장소 활엽수의 축축한 썩은 나무 위

연노란색~짙은 녹색 포자가 성숙하면서 녹황색으로 변해 간다.

노란점버섯
Hypocrea citrina

형태 배착생 시기 가을 장소 활엽수의 죽은 나무 위

표면에는 점모양 자낭각이 무수히 많다.

표면은 어릴 때 크림색이었다가 성숙하면서 노란색으로 변해 간다.

푸른점버섯균
Trichoderma viride

점버섯과
식독불명

지름 0.5~1㎝ **시기** 봄~가을 **장소** 썩은 나무, 나무껍질, 오래된 버섯 위

완전세대로 변해 가는 모습

분생자 시기에는 청록색을 띤 방석모양이다.

완전세대의 자실체는 황갈색에서 적갈색으로 변해 간다.

황금속버섯
Hypomyces aurantius

점버섯과
식독불명

길이 0.3~0.4㎜ **시기** 봄~늦가을 **장소** 구멍장이버섯목의 썩은 버섯 위

특히 아교구멍버섯(*Antrodiella semisupina*) 위에 자주 발생한다.

오렌지색 균사층 위에 점모양으로 발생한다.

607

시기 여름~가을 **장소** 그물버섯류나 광대버섯류, 무당버섯류의 표면에 발생

광대버섯속 버섯에서 발생했다.

표면은 작은 알갱이모양 자낭각으로 덮여 있다.

붉은사슴뿔버섯
Podostroma cornu-damae

점버섯과

맹독버섯

전체 높이 3~10㎝ **시기** 여름~가을 **장소** 활엽수의 썩은 나무 위

자실체의 절반 위쪽 표면에 미세한 자낭각이 발달한다.

자실체 표면은 붉은색 내지는 주황색을 띤다.

자실체는 1개로 발생하며 뿔모양 또는 사슴뿔, 닭볏모양이나.

608

지름 0.3~0.5㎜ **시기** 봄~가을 **장소** 활엽수의 죽은 줄기, 가지 위

껍질 속에서 다발로 발생하고 표면이 매우 거칠다.

자실체는 둥글지만 포자가 방출되고 나면 찌그러진다.

과일흑모래버섯(흑단추버섯)
Melanopsamma pomiformis

흑모래버섯과

식독불명

지름 0.3㎜ 정도 **시기** 가을~봄 **장소** 활엽수의 죽은 가지 위

껍질 표면에 넓게 발생한다.

자실체는 둥글지만 포자가 방출되고 나면 찌그러진다. 가운데에 작은 포자 방출구가 있다.

검은점버섯
Camarops polysperma

검은점버섯과
식독불명

지름 1~3㎝ **시기** 여름~가을 **장소** 활엽수의 죽은 줄기, 가지 위

신선할 때는 윤기가 많이 돈다.

표면에는 검은색 자낭각이 점모양으로 묻혀 있다.

내부 균사층은 황토갈색이다.

밤나무줄기마름병균
Cryphonectria parasitica

Cryphonectriaceae
식독불명

시기 1년 내내 **장소** 살아 있는 활엽수의 줄기, 가지 위

살아 있는 나무에 침투해 나무를 말라 죽게 한다.

자실체는 주황색을 띠고 표면은 돌기 모양이다.

냄새참버섯
Eutypella alnifraga

지름 0.4㎜ **시기** 1년 내내 **장소** 활엽수의 죽은 줄기, 가지 위

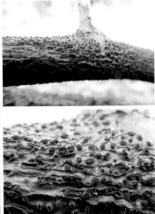

표면은 젖꼭지모양인데 세로로 홈이 팬 선이 있어 갈라진 것처럼 보인다.

자실체 10~20개가 다발로 발생한다.

Peroneutypa scoparia
국내 미기록종

너비 2~3㎜ **높이** 1~4㎜ **너비** 1년 내내 **장소** 활엽수의 죽은 줄기, 가지 위

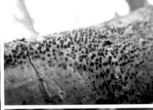

껍질 속에서 발생해 껍질을 뚫고 다발을 이룬다.

자실체는 약 4㎜까지 솟아오르고 휘어진다.

넓은요버섯
Diatrype stigma

시기 1년 내내 **장소** 활엽수의 죽은 줄기, 가지 위

분생자 시기의 넓은요버섯

주홍꼬리버섯(*Libertella betulina*)으로 불리기도 한다.

오렌지색 끈모양 내지는 돼지꼬리모양이다.

자실체는 일정한 크기 없이 넓게 퍼져 나간다.

0.2~0.3㎜인 자낭각이 검은 점모양으로 돌출해 있다.

지름 1~4㎝ **시기** 여름~가을 **장소** 활엽수의 죽은 그루터기, 줄기, 가지 위

자실체는 반원모양 내지는 찌그러진 공모양, 혹모양이다.

자실체 표면은 갈색에서 흑갈색으로 변해 간다.

늙은 버섯

포자가 내려앉은 모습

잘라 보면 검은색과 흰색 테무늬가 교대로 나타난다.

613

붉은팥버섯
Hypoxylon fuscum

지름 4~7mm **시기** 1년 내내 **장소** 활엽수의 죽은 줄기, 가지 위

표면은 오랫동안 적갈색~흑자갈색의 압착된 가루 물질로 덮여 있다.

표면은 적갈색에서 흑자갈색으로 변해 간다.

성숙하면 묻혀 있던 자낭각이 돌출해 오돌토돌해진다.

애기붉은팥버섯
Hypoxylon howeanum

지름 3~8mm **시기** 1년 내내 **장소** 활엽수의 죽은 가지 위

활엽수의 잔가지에 무리를 이루어 발생한다.

자실체는 밝은 갈색이고 기주에 좁게 붙어 있어 공모양으로 보인다.

팥죽팥버섯
Hypoxylon rubiginosum

자낭각 크기 0.3~0.8㎜ 시기 1년 내내 장소 활엽수의 죽은 줄기, 가지 위

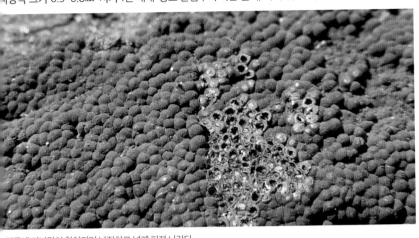

팥죽색 자낭각이 합쳐지며 납작하고 넓게 퍼져 나간다.

방석팥버섯
Hypoxylon rutilum

자낭각 크기 0.1~0.2㎜ 시기 1년 내내 장소 활엽수의 죽은 줄기, 가지 위

표면은 황적갈색 내지는 적갈색을 띤다.

방석모양으로 발생한다.

자낭각은 0.1~0.2㎜로 팥죽팥버섯에 비해 매우 작다.

615

껍질방석꼬투리버섯(껍질고약방석버섯)
Kretzschmaria deusta

지름 1~10㎝ **시기** 봄~가을 **장소** 살아 있거나 죽은 활엽수의 밑동, 그루터기, 줄기 위

분생자 시기의 어린 버섯은 녹회색을 띤다.

성숙하면서 색이 약간 진해지고 점모양 자낭각이 발달한다.

성숙한 버섯은 회갈색 내지는 황갈색을 띤다.

살아 있는 나무에서도 발생한다.

오래되면 포자를 방출하고 흑갈색으로 변한다.

616

젖꼭지과립콩버섯(젖꼭지장미버섯)
Rosellinia thelena

자낭각 크기 0.7~1㎜ 시기 초봄~늦가을 장소 활엽수의 죽은 줄기, 가지 위

자낭각의 내부에서 포자가 생긴다.

여러 개체의 자낭각이 붙어서 무리를 이루어 발생한다.

자실체 가운데에 젖꼭지모양 포자 방출구가 있다.

콩꼬투리버섯
Xylaria hypoxylon

높이 3~8㎝ 시기 봄~가을 장소 활엽수의 죽은 줄기, 가지 위

자실체는 자루 하나에서 보통 2개 이상 가지로 갈라진다.

분생자 시기에는 위쪽이 흰색 분생포자로 덮인다.

성숙하면 끝이 뾰족해지고 검은색으로 변한다.

전체 높이 2~5㎝ 시기 봄~가을 장소 활엽수의 죽은 줄기, 가지 위

분생자 시기의 자실체 기부는 검은색을 띤다.

머리 부분은 크림색 내지는 연한 분홍색이고 분생 포자로 덮여 있다.

분생자 시기를 지나 완전세대의 자실체로 변해 가고 있다.

아직 자낭각이 발달하지 않았다.

오래되면 자낭각이 돌출하고 포자를 방출하며 흑갈색 으로 변한다.

실콩꼬투리버섯
Xylaria filiformis

높이 3~8㎝ 시기 여름~가을 장소 낙엽, 풀줄기, 양치식물의 죽은 줄기 위

머리카락처럼 가늘다.

흰색 분생포자로 덮여 있다.

분생자 시기 자실체

분생자 시기가 지나면 전체가 검은색으로 변한다.

성숙하면서 자낭각이 돌출한다.

높이 2~9㎝ 시기 봄~가을 장소 땅에 묻힌 산사나무나 후박나무 열매 위

산사나무 열매에서 발생했다.

분생자 시기의 자실체는 흰색 분생포자로 덮여 있다.

오래되면 자낭각이 돌출한다.

높이 3~7㎝ 시기 봄~가을 장소 활엽수의 죽은 그루터기, 줄기 위

분생자 시기의 자실체는 회백색 분생포자로 덮여 있다.

성숙하면서 전체가 흑갈색으로 변한다.

자실체는 굵고 모양이 다채롭다.

늙은 버섯

살(조직)은 흰색이고 가장자리에 포자가 생기는 자낭각이 묻혀 있다.

기형새기둥버섯
Neolecta irregularis

새기둥버섯과

식독불명

자실체 높이 3~7㎝ **시기** 가을 **장소** 침엽수림 내의 부엽토 위

표면은 밝은 노란색을 띤다.

모양은 일정하지 않지만 대체로 주걱모양이 많다.

참고문헌

박완희, 이지헌. 2011. 새로운 한국의 버섯. 교학사
석순자, 김양섭 외. 2011. 독버섯도감. 푸른행복
이지열. 1993. 원색한국버섯도감. 아카데미서적
이태수, 조덕현, 이지열. 2010 한국의 버섯도감 I. 저숲출판
임영운, 이진성, 정학성. 2010 한국의 균류(목재부후균). 한국생물자원관
최호필. 2015. 버섯大도감. 아카데미북
한국균학회. 2013. 한국의 버섯 목록. 푸른행복
今関六也, 大谷吉雄, 本郷次雄. 2011. 日本のきのこ
本郷次雄. 2006. きのこ

인터넷 사이트

한국버섯 (http://www.koreamushroom.kr/)
버섯도감 (http://blog.naver.com/phil0321)
버섯도감 (http://cafe.naver.com/wnfhrfl)
한국야생버섯분류회 (http://cafe.naver.com/tttddd)
http://www.indexfungorum.org/
A.M.I.N.T. (http://www.funghiitaliani.it/)
Actafungorum.org (http://www.actafungorum.org/)
Base de données mycologique (http://www.mycodb.fr/)
Česká mykologická společnost (http://www.myko.cz/)
http://fungi.sakura.ne.jp/
Mushroomexpert Com (http://www. mushroomexpert. Com)
Mushroomhobby (http://mushroomhobby.com/)
Mushrooms and Fungi of Poland (http://www.grzyby.pl/)
MYKOLOGIE.NET (http://www.mykologie.net/)
Natura Mediterraneo (http://www.naturamediterraneo.com/forum/)
Photo Gallery Wildlife Pictures (http://www.hlasek.com/)
Pilze, Pilze, Pilze (http://www.pilzepilze.de/)
The Fungi of California (http://www.mykoweb.com/CAF/)
The Hidden Forest (http://www.hiddenforest.co.nz/)
www. Nagrzyby.pl (http://nagrzyby.pl/)
www. Pharmanatur.com (www.pharmanatur.com)
www. Velutipes.com (http://www.velutipes.com/)
Гибы Калужской области (http://mycoweb.narod.ru/fungi/index.html)

국내 미기록종 추천 국명

*아래 국명은 독자의 소통과 편리를 위해 정리한 추천명으로 정명(正名)이 아님을 밝힙니다.

분류	학명	추천 국명
담자균문	*Amanita orientigemmata*	새순광대버섯
	Amanita sculpta	조각광대버섯
	Gloiocephala cryptomeriae	삼나무닮은선녀버섯
	Hydropus atramentosus	얼룩맑은대버섯
	Rhodocollybia distorta	꽈리버터버섯
	Gymnopus biformis	두모양밀버섯
	Volvariella caesiotincta	느릅비단털버섯
	Hypholoma capnoides	연기색다발버섯
	Tubaria conspersa	솜털겨나팔버섯
	Hygrocybe caespitosa	가시꽃버섯
	Hygrocybe glutinipes	끈적주황꽃버섯
	Resupinatus merulioides	아교꽃무늬애버섯
	Tricholoma roseoacerbum	장미가시송이
	Tylopilus plumbeoviolaceus	보라쓴맛그물버섯
	Bulbillomyces farinosus	흰그늘아교버섯
	Rigidoporus crocatus	노란각목버섯
	Russula eccentrica	별난무당버섯
	Heterobasidion orientale	동쪽뿌리버섯
	Albatrellus cristatus	볏방패버섯
	Lentinellus castoreus	해리털느타리
	Dacrymyces roseotinctus	분홍붉은목이
자낭균문	*Orbilia epipora*	눈물바퀴버섯
	Erioscyphella abnormis	노랑거친털컵버섯
	Ciborinia gracilipes	목련균핵접시버섯
	Mitrophora semilibera	세모반곰보버섯
	Peziza micropus	비듬주발버섯
	Aleuria cestrica	노랑들주발버섯
	Sphaerosporella brunnea	미모갈색접시버섯
	Entomophthora muscae	파리분절균
	Nitschkia grevillei	검은산탄버섯
	Peroneutypa scoparia	싸리긴냄새참버섯
	Xylaria cubensis	쿠바콩꼬투리버섯

찾아보기

국명

*이름 옆에 '추천명'이 붙은 종은 독자의 소통과 편리를 위해 붙인 추천 국명으로 정명(正名)이 아님을 밝힙니다.
해당 종 페이지에는 학명만 기재되어 있습니다.